AF900405

Vorwort

Liebe Schüler, liebe Eltern,

Seit der G8-Reform zur Verkürzung der Schulzeit ist die Schulchemie kompakter geworden, ohne dass dabei der Lehrinhalt sinnvoll gekürzt wurde. Diese

Klassenarbeiten von Gymnasien in Baden-Württemberg

Chemie 9

zeigen, welche Aufgabentypen und welcher Schwierigkeitsgrad im G8-Gymnasium in *Baden-Württemberg* verlangt werden. Ein großer Teil der Aufgaben haben unsere Lehrer an Schulen selber entworfen. Tatsächlich gestellte Klassenarbeiten von Nachhilfeschülern unseres ***Durchblicker Lernstudio Arndt*** bilden die Grundlage der Aufgaben in diesem Buch. Wer diese Klassenarbeiten konsequent durcharbeitet, dem sind bessere Noten sicher. Zumindest weiß man, was dran kommt. Wenn wir feststellen, dass ein Aufgabentyp nicht mehr aktuell ist, wird er sofort durch einen neuen G8-typischen ersetzt. Somit haben Sie immer die aktuellsten Aufgaben aus Gymnasien in *Baden-Württemberg.*

In der 9. Klasse werden zwei Klassenarbeiten geschrieben. In diesem Buch finden Sie zu jeder der beiden Klausuren vier Beispiele, also insgesamt acht Klassenarbeiten.

Die Klassenarbeiten entsprechen dem hohen Niveau aus Gymnasien von *Baden-Württemberg,* die so ähnlich gestellt worden sind. Sie spiegeln den gesamten Lernstoff der 9. Jahrgangsstufe wider.

Die Hinweise in den Lösungen sind die absoluten Insidertipps von Chemielehrern.

Bis jetzt war die G8-Chemie wenig berechenbar. Die Unsicherheit ist auf jeden Fall größer als im G9, wo es genügend Sammlungen gab, in denen die Aufgaben zusammengefasst sind.

Es handelt sich dabei um globale schularten- und länderübergreifende Sammlungen.

Wir möchten Ihnen aufzeigen, dass es in Gymnasien in *Baden-Württemberg* nach dem **Bildungsplan 2016** bestimmteTypen von Aufgaben gibt, die sich in Klassenarbeiten wiederholen und dass die Techniken, mit denen sich die Aufgaben lösen lassen, gut trainierbar sind. Früher hatte jedes Gymnasium seinen eigenen Stil, das wurde inzwischen vereinheitlicht. Einerseits ist der Stoff der 9. Klasse sehr dicht gedrängt, aber andererseits lassen sich die Aufgabentypen gut schematisieren und sind im Vergleich zum G9 nicht zu vielfältig.

Unser Ziel ist es, die Motivation und Kreativität aller Jugendlichen beim Lösen von Aufgaben zu fördern und die Angst und Nervosität vor Chemie-Klassenarbeiten zu nehmen. Dazu bieten wir die ausführliche Lösung der Aufgabenstellung mit Hintergrundinformationen und detaillierter Beschreibung des Lösungsweges an.

Ihr Mathe- und Chemietrainer Claus Arndt

Claus Arndt ***(Dipl.-Mathematiker),*** derzeit Leiter eines Lernstudios, arbeitete als Mathelehrer an einer Realschule und unterrichtet an einem Münchner Gymnasium die Oberstufe. Als Bildungstrainer und Mathe- / Chemieprofi erklärt er mit seinem pädagogischen Können den Lernstoff jeder Altersklasse sehr anschaulich und entwickelt aus dem Stegreif eigene praxisbezogene „Test-Klassenarbeiten" zum Trainieren. Er weckt die Neugier der Schüler auf die Rätselwelt der Zahlen und stößt ihnen damit eine Tür zur Chemie auf. Zudem bringt er seine Erfahrungen aus der freien Wirtschaft mit ein.

www.durchblicker.org

Titelbild: Heinrich Schmid, Überlingen am Ried / Singen am Hohentwiel

Weitere Informationen wie Zusatzaufgaben und eventuelle Korrekturen Tipps und Hinweise finden Sie auf unserer homepage www.durchblicker.org unter Baden-Württemberg Chemie 9. Der QR-Code führt Sie direkt zur entsprechenden Seite unserer homepage.

ISBN: 978-3-943703-43-6

Δ ∞ π √ Σ ≈ ≥

Klassenarbeiten

von Gymnasien in Baden-Württemberg

Chemie 9

mit Lösungen

DURCHBLICKER Lernstudio Arndt

Klassenarbeiten von Gymnasien in Baden-Württemberg

Verfügbare Titel

☺ Mathematik für Klasse 5, 6, 7, 8, 9 und 10
☺ Physik für Klasse 8, 9 und 10
☺ Chemie für Klasse 8, 9 und 10
☺ Natur und Technik für Klasse 5 und 6
☺ Englisch für Klasse 5, 6, 7, 8, 9, 10 und 11/12
☺ Deutsch für Klasse 5, 6, 7 und 8
☺ Französisch für Klasse 6, 7, 8 und 9
(Version Découvertes und À plus)
☺ Latein für Lernjahr 1 und 2

Klassenarbeiten von Realschulen in Baden-Württemberg

Verfügbare Titel

☺ Mathematik für Klasse 5 und 6
☺ Englisch für Klasse 5, 6, 7, 8, 9 und 10
☺ Deutsch für Klasse 5, 6, 7 und 8

Klassenarbeiten von Grundschulen in Baden-Württemberg

Verfügbare Titel

☺ Mathematik 3 und 4
☺ Deutsch 3 und 4
☺ Sachunterricht 3/4 – Band 1 und Band 2

Inhaltsangabe

Klassenarbeiten Chemie Klasse 9 in Baden-Württemberg
nach Bildungsplan 2016

Vorinformationen zu Themen der 1. Klassenarbeit

Klassenarbeit 1.1

Schwerpunkte **Periodensystem** und **Atombau**

- Elemente ordnen
- Atommodelle
- Anwendung aus dem Periodensystem
- Isotope
- Ionisierung am Beispeil vom Magnesiumatom

Klassenarbeit 1.2

Schwerpunkte **Periodensystem** und **Atombau**

- Alkalimetalle
- Elemente ordnen
- Atomkern
- Elementenschreibweise und die in ihr gegebenen Informationen
- Isotope
- Elemente des Periodensystems

Klassenarbeit 1.3

Schwerpunkte **Periodensystem** und **Atombau**

- Alkalimetalle
- Erdalkalimetalle
- Das Schalenmodell
- Ionisierung und die Glimmlampe
- Elektrolyse

Klassenarbeit 1.4

Schwerpunkte **Periodensystem** und **Atombau**

- Aufstellen von Verbindungsformeln aufgrund von Benennungen
- Richtigstellen von gegebenen Reaktionsgleichungen
- Bearbeitung von Valenzstrichformeln

Vorinformationen zu Themen der 2. Klassenarbeit

Klassenarbeit 2.1

Molekülverbindungen und **Katalysatoren**

- Moleküle erkennen – Bindungsverhältnisse, Formelschreibweise
- Lewis-Schreibweise
- VSEPR-Modell
- Polare und unpolare Elektronenpaarbindungen
- Intermolekulare Wechselwirkungen

Klassenarbeit 2.2

Schwerpunkte **Säure und Basen - Protonenübergänge**

- Säuren und Basen
- pH-Skala – ph-Werte bei vorgegebenen Flüssigkeiten
- Eigenschaften alkalischer Lösung
- Ionen in sauren Lösungen
- Salze aus Säuren

Klassenarbeit 2.3

Schwerpunkte **Säure und Basen - Protonenübergänge**

- Salze durch Neutralisierung, Konzentrationsrechnung quantitativ
- Säure- Basen Reaktionen
- Indikatoren bei pH-Werten
- Säure Base: Brönsted-Definition, CO_3, HBr, HSO_4 mit
- Teaktionen mit Wasser
- Reaktionsgleichung Säure / Base
- Kontaktverfahren Schwefelsäure, Prinzip von LeChatelier, Strukturformeln Schwefeldioxid- trioxid, Sulfat

Klassenarbeit 2.4

Schwerpunkte **Säure und Basen - Protonenübergänge**

- Benzin: quantitative Rechnungen
- Kupferblech reinigen: Redox + Schülerversuch
- Reaktionsgleichungen
- Säure Base Titration

Vorinformationen zu den Themen der 1. Klassenarbeit

Periodensystem und Atombau

Das Periodensystem ist eine Übersicht aller chemischen Elemente, die bekannt sind. Aus dieser Übersicht, die wichtigsten Informationen, wie Ordnungszahl, Valenzelektronenzahl und Elektronegativität lesen zu können ist eine grundlegende Fertigkeit, die jeder in der Chemie beherrschen soll.

Daraus lassen sich weitere Eigenschaften wie Ionenladung, Reaktivität und Atomgröße erschließen. Das Atom ist der Baustein aller chemischen Verbindungen und um Chemie anwenden zu können, muss der Aufbau überblickt werden, um zu verstehen, warum sich einige Elemente anders verhalten als andere. Auch die Entwicklung des Atommodells wird besprochen, um einen geschichtlichen Einblick in die Chemie und die Entwicklung von wissenschaftlichen Modellen zu erlangen.

Die wichtigsten Informationen über den Atombau sind: Unterteilung in Kern und Hülle, weitere Unterteilung des Kerns in Protonen als elementdeterminierende Teilchen und Neutronen als stabilisierende Teilchen und das Bestreben die Oktettregel mit den Valenzelektronen zu erfüllen. Dieses Bestreben ist die Erklärung, warum sich die Alkalimetalle so reaktiv verhalten: Sie haben ein Valenzelektron, welches zum Erfüllen der Oktettregel abgegeben werden muss. Diese ähnliche Eigenschaft einiger Elemente ist der Grund, warum das Periodensystem so unterteilt ist, wie es eben ist.

Bei chemischen Reaktionen werden Elektronen verschoben. In einigen Fällen resultieren daraus Kationen und Anionen.

Ionenverbindungen und Elektronenübergänge

Salze sind die ersten Verbindungen, die in der Schule behandelt werden. Sie sind Verbindungen aus Metallkationen und Nichtmetallanionen. Es wird anfangs von einer Reaktion aus den Elementen ausgegangen, bei der das Metallatom Elektronen an das Nichtmetallatom abgibt, um den Edelgaszustand zu erreichen. Daraus resultieren ein positiv geladenes Metallkation und ein negativ geladenes Nichtmetallanion. Dieser Übergang von Elektronen wird Reduktion (Aufnahme von Elektronen) und Oxidation (Abgabe von Elektronen) genannt.

Es müssen in einer Redoxreaktion gleich viele Elektronen abgegeben wie aufgenommen werden. Daraus resultiert auch, dass Salze nach außen neutral geladen sind. Salze werden durch eine Verhältnisformel beschrieben, die anzeigt wie viele Kationen in einem Salzgitter im Verhältnis zu den Anionen vorkommen.

Diese Redoxreaktionen können auch räumlich getrennt stattfinden und wenn die Elektronen über ein Kabel geleitet werden, spricht man von elektrischem Strom. So entstanden die ersten Batterien.

Das Bestreben von Metallatomen, Elektronen abzugeben wird als Edelkeit bezeichnet. Je edler ein Metall, desto schlechter gibt das Metallatom Elektronen ab und desto einfacher nimmt das korrespondierende Kation Elektronen auf. Kupferionen sind beispielsweise edler als Eisenatome und können denen Elektronen entziehen, sie oxidieren. Diese Redoxreaktionen können auch mithilfe von elektrischem Strom erzwungen werden. Wenn das der Fall ist, wird von einer Elektrolyse gesprochen.

1. Klassenarbeit aus der Chemie

Aufgabe 1

a) Formuliere die Elektronenkonfiguration von U_{ran} ($_{92}U$).

b) Nenne und erkläre genau alle Informationen, die du der folgenden Darstellung entnehmen kannst: $^{78,96}_{34}Se$

Aufgabe 2

Periodensystem der Elemente

Vervollständige sinnvoll die Tabelle mit Informationen aus dem und über das PSE.

Element-symbol	Protonenzahl	relative Atom-masse	Neutronenzahl des häufigsten Isotops
N			
	26		
		35,453u	
	74		

Aufgabe 3

Seit langer Zeit versuchen Wissenschaftler den Aufbau des Atoms und den Aufenthalt der Elektronen immer genauer zu bestimmen. Rutherford und Bohr waren zwei Wissenschaftler, die maßgeblich dazu beigetragen haben.

a) Erläutere kurz den Aufbau, mit dem Rutherford seine Erkenntnisse gewonnen hat.

b) Welche waren diese?

c) Welches Problem vom Rutherfordschen Atommodell hat Bohr gelöst?

Aufgabe 4

a) Woraus besteht ein Atomkern?

b) Erläutere am Beispiel des Elements Wasserstoff den Begriff „Isotop".

c) Gesucht ist ein Element, dessen Atome in ihrer Hülle 9 Elektronen besitzen (kurze Begründung verlangt).

d) Um welches Isotop handelt es sich? Die Massenzahl beträgt 14u und die Ordnungszahl ist 6. Gib die Zahl der Protonen und Neutronen an, die sich im Atomkern befinden. Es soll auch der Elementname angegeben werden.

bitte wenden!

Aufgabe 5

a) Definiere den Begriff der ersten Ionisierungsenergie am Beispiel vom Magnesiumatom.

b) Inwiefern hängen Ionisierungsenergie, Ordnungszahl und Atomradius zusammen?

Viel Erfolg!

Lösung Klassenarbeit 1.1

Lösung Klassenarbeit 1.1

Aufgabe 1

a) Formuliere die Elektronenkonfiguration von Uran ($_{92}U$).

> **Tipps und Hinweise**
> Die Elektronenkonfiguration kann man auf zwei Weisen angeben: Als Schalenverteilung oder als Orbitalverteilung.
> In Schalen-Kurzschreibweise gibt man die Elektronenkonfiguration als die Anzahl der Elektronen pro Schale an, wobei die Anzahl hochgesetzt wird. Die Elektronen werden energetisch aufsteigend verteilt, das heißt eine untere Schale wird zuerst vollgefüllt, bevor die nächste Schale besetzt wird.
> Die Schalen werden durchnummeriert mit der Hauptquantenzahl n wobei die Benennung mit Buchstaben erfolgt: K, L, M, N, O, P, Q. K gehört zu n=1, L zu n=2 und so weiter.
> Die Anzahl der möglichen Elektronen pro Schale ist wie folgt:
> K: 2 Elektronen, L: 8 Elektronen, M:18 Elektronen, N: 32 Elektronen, etc. Die Summe aller Elektronen einer vollbesetzten Schale ist $2n^2$. In die 3. Schale (M-Schale) passen also $2 \cdot (3)^2=18$ Elektronen.

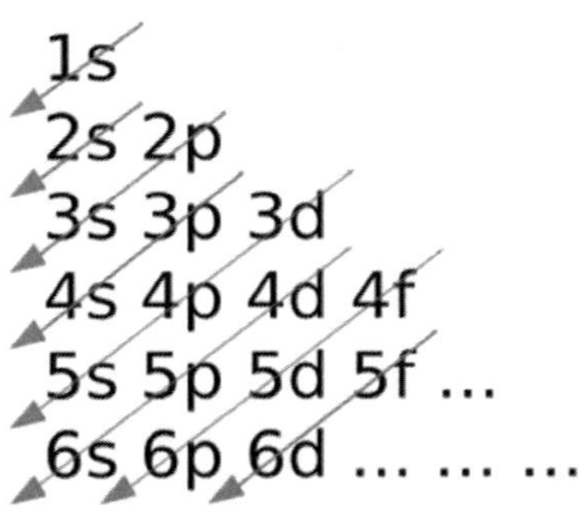

> Die Orbitalschreibweise zeigt die Verteilung der einzelnen Elektronen auf die Orbitale s,p,d,f . Dabei passen in ein s-Orbital 2, in ein p-Orbital 6, in ein d-Orbital 10 und in ein f-Orbital 14 Elektronen. Die einzelnen Orbitale werden nach der folgenden Reihenfolge besetzt (den Pfeilen folgen):
> Es gibt aber auch einzelne Ausnahmen, die in einem guten Periodensystem angegeben wird,

Uran hat die Ordnungszahl 92 und damit 92 Elektronen.
Diese werden wie folgt auf die Schalen verteilt:
$K^2 L^8 M^{18} N^{32} O^{21} P^9 Q^2$
Und wie folgt auf die Orbitale:
$1s^2\ 2s^2\ 2p^6\ 3s^2\ 3p^6\ 4s^2\ 3d^{10}\ 4p^6\ 5s^2\ 4d^{10}\ 5p^6\ 6s^2\ 4f^{14}\ 5d^{10}\ 6p^6\ 5f^3\ 6d^1\ 7s^2$

b) Nenne und erkläre genau alle Informationen, die du der folgenden Darstellung entnehmen kannst.

$$^{78{,}96}_{34}Se$$

> **Tipps und Hinweise**
> In der Symbolik, die im **Periodensystem der Elemente (PSE)** verwendet wird, stecken viele Informationen: $^{A}_{Z}X$
>
> - Z ist die **Ordnungszahl** (auch Kernladungszahl genannt), also die Anzahl der Protonen des Elements (Protonenzahl genannt). Ist das Atom ungeladen, so ist die Protonenzahl gleich der Elektronenzahl.
> - A ist die **Massezahl**, die Summe der Neutronen und Protonen.
> - *Achtung:* Auf der Rückseite eines Periodensystems ist die Massezahl oft keine ganze Zahl. Das kommt daher, dass es bei vielen Elementen mehrere stabile Isotope gibt, also Atome mit gleicher Protonenzahl und unterschiedlicher Neutronenzahl. Die angegebene Massezahl ist dann ein, mit der Häufigkeit der stabilen Isotope gewichteter Mittelwert. Auf der Vorderseite (ganze Zahlen) ist dies die Massezahl des häufigsten Isotops.
> - X steht für die Abkürzung des **Elementnamens.**

Hier sieht man, dass es sich um Selen mit der Ordnungszahl 34 und der mittleren Massenzahl 78,96u handelt. Die durchschnittliche Neutronenzahl ist daher 44,96. Ein neutrales Selen-Atom besitzt 34 Elektronen.

Aufgabe 2
Periodensystem der Elemente

Vervollständige sinnvoll die Tabelle mit Informationen aus dem und über das PSE (Periodensystem der Elemente).

Elementsymbol	Protonenzahl	relative Atommasse	Neutronenzahl des häufigsten Isotops
N	**7**	**14,0067u**	**7**
Fe	26	**55,845u**	**30**
Cl	**17**	35,453u	**18**
K	**19**	**39,0983u**	20
W	74	**183,84u**	**110**

Aufgabe 3

Seit langer Zeit versuchen Wissenschaftler den Aufbau des Atoms und Aufenthalt der Elektronen immer genauer zu bestimmen. Rutherford und Bohr waren zwei Wissenschaftler, die maßgeblich dazu beigetragen haben.

a) Erläutere kurz den Aufbau mit dem Rutherford seine Erkenntnisse gewonnen hat.

Der Streuversuch von Rutherford. Rutherford nutze ein radioaktives Material; einen Alpha-Strahler der von Blei umgeben wurde, sodass die Alpha-Teilchen nur in eine Richtung fliegen konnten. In Flugrichtung der Alpha-Teilchen wurde eine Goldfolie aufgestellt. Das Experiment wurde durch einen Leuchtschirm umrandet. Durch den Leuchtschirm konnte die Ablenkung der Alpha-Teilchen durch die Atome der Goldfolie gemessen werden.

b) Welche waren diese?

Ein Großteil der Alpha-Teilchen passierte ohne große Ablenkung die Goldfolie. Einige wenige Teilchen wurden hingegen stark abgelenkt. Daraus konnte die Erkenntnis geschlossen werden, dass das Atom zu einem Großteil leerer Raum ist und in der Mitte in einem extrem kleinen positiv geladenen Punkt; dem Atomkern 99,9% der Masse konzentriert ist.

c) Welches Problem vom Rutherfordschen Atommodell hat Bohr gelöst?

In dem Atommodell von Rutherford bewegten sich die Elektronen in der Atomhülle ohne jegliche Ordnung. Bohr erkannte durch spektroskopische Messungen, dass die Elektronen sich auf fest definierten Bahnen aufhalten mussten. Womit die stoffspezifischen Spektrallinien erklärt werden konnten.

Lösung Klassen-arbeit 1.1

Aufgabe 4

a) Woraus besteht ein Atomkern?

Ein Atomkern besteht aus positiv geladenen Protonen und ungeladenen Neutronen.
Atomkerne werden durch folgende Schreibweise näher beschrieben:

$$^{A}_{Z}X$$

Dabei ist X die Atomsorte (das Element), A die Massezahl und Z die Ordnungszahl. Die Ordnungszahl entspricht der Anzahl Protonen im Kern und ist Element-spezifisch, die Massezahl entspricht der Masse des Atomkerns und gibt gleichzeitig die Anzahl der Protonen und Neutronen im Kern an, da beide etwa eine Einheit (u oder $\frac{g}{mol}$) schwer sind. Damit lässt sich die Neutronenzahl in einem Kern berechnen als:

$$N_n = A - Z$$

Tipps und Hinweise

Ein Beispiel: $^{16}_{8}O$

O steht für Sauerstoff. Dieser Kern besitzt die Element-spezifischen 8 Protonen, dies entspricht der Ordnungszahl des Elements Sauerstoff. Die Massezahl beträgt 16, daher befinden sich im Kern 16–8 = 8 Neutronen. Der Kern hat die Atommasse 16u.

Für Spezialisten:

Atome bestehen aus dem Kern und negativ geladenen Elektronen, die diesen umkreisen. Elektrisch neutrale Atome besitzen daher genauso viele Elektronen wie Protonen im Kern. In die Berechnung der Masse des Atoms fließen Elektronen jedoch so gut wie nicht ein, da sie extrem leicht sind im Vergleich zu Protonen: Protonen sind etwa 1000-mal schwerer als Elektronen. Daher geht man auch bei Atomen davon aus, dass die Massezahl A der gesamten molaren Masse des Stoffes entspricht.

b) Erläutere am Beispiel des Elements Wasserstoff den Begriff „Isotop".

Wie bereits angesprochen, ist die Ordnungszahl eines Elements durch die Protonenzahl festgelegt. Zwei Kerne einer Elementsorte können jedoch unterschiedliche Massezahlen haben, weil sich **unterschiedlich viele Neutronen** im Kern befinden. **Diese unterschiedlichen Kernsorten des gleichen Elements bezeichnet man als Isotope.**

Beispiel: Wasserstoff. Wasserstoff mit der Ordnungszahl 1 kommt in der Natur in 3 Varianten vor: ^{1}H, ^{2}H und ^{3}H. Etwa 99,9% aller Wasserstoffatome gehören zu ^{1}H. ^{2}H liegt zu ungefähr 0,01% vor und ^{3}H nur in sehr geringen Spuren. Isotope der anderen Elemente haben identische chemische Eigenschaften, nur die 3 Wasserstoff-Isotope unterscheiden sich hier ein ganz klein wenig. Deswegen wird ^{2}H auch Deuterium genannt und gelegentlich mit D abgekürzt. Analog heißt ^{3}H auch Tritium mit dem Symbol T. Daneben gibt es auch noch die Bezeichnungen „schwerer Wasserstoff" für D und „überschwerer Wasserstoff" für T.

c) Gesucht ist ein Element, dessen Atome in ihrer Hülle 9 Elektronen besitzen. (Kurze Begründung verlangt)

Ein neutrales Atom besitzt genauso viele Protonen wie Elektronen. Hat ein Atom also 9 Elektronen so ist seine Protonenzahl und damit auch seine Ordnungszahl ebenfalls 9.
Dies entspricht dem Element Fluor (F).

Lösung Klassen-arbeit 1.1

d) Um welches Isotop handelt es sich? Die Massezahl beträgt 14u und die Ordnungszahl ist 6. Gib die Zahl der Protonen und Neutronen an, die sich im Atomkern befinden. Es soll auch der Elementname angegeben werden.

Man beginnt hier erneut mit der Ordnungszahl – hier 6. Dies entspricht der Protonenzahl 6 und dem Element Kohlenstoff (C).

Die Massezahl 14u lässt die Anzahl der Neutronen im Kern berechnen:

$$N_n = A - Z = 14 - 6 = 8$$

Normaler Kohlenstoff enthält nur 6 Neutronen.

Die gesamte Isotopenbezeichnung ist damit: $^{14}_{6}C$

Aufgabe 5 (Ionisierung)

a) Definiere den Begriff der ersten Ionisierungsenergie am Beispiel vom Magnesiumatom.

Tipps und Hinweise

Atome geben nicht von alleine Valenzelektronen ab. Für viele Metalle ist es zwar energetisch günstig eine gewisse Menge an Elektronen abzugeben, um beispielsweise die Oktettregel zu erfüllen, allerdings muss für den Prozess die elektrostatische Anziehungskraft des positiven Atomkerns zum negativ geladenen Elektron überwunden werden. Bei großen Elementen wie Cäsium ist das zwar relativ leicht aber die benötigte Energiemenge ist immer noch größer als 0. Die Ionisierungsenergie bezieht sich nur auf die Abspaltung von Elektronen. Da Nichtmetalle eher zu Elektronenaufnahme tendieren, wird deren Ionisierungsenergie recht hoch sein.

Die Ionisierungsenergie ist die Energie, die benötigt wird, um aus einem ungeladenen Atom das erste Elektron abzuspalten. Da das Magnesiumatom zwei Valenzelektronen hat, wird die Stufenweise Abspaltung der beiden Elektronen meist weggekürzt. Die erste Ionisierungsenergie bezieht sich nur auf die Oxidation von: $Mg \rightarrow Mg^{+}$. Diese erste Ionisierungsenergie wird, genau wie die zweite Ionisierungsenergie für das Magnesiumatom noch relativ niedrig sein.

b) Inwiefern hängen Ionisierungsenergie, Ordnungszahl und Atomradius zusammen?

Tipps und Hinweise

Die Ionisierungsenergie korreliert mit Anziehungskraft des Atoms zum Elektron. Diese kann unterschiedlich hoch sein, abhängig von der Entfernung, der Kernladung verändert sich diese.

Die Ordnungszahl gibt an wie viele Protonen sich im Kern befinden. Diese Protonen sind positiv geladen und je mehr von diesen positiven Ladungen im Kern vorhanden sind, desto größer ist die Wechselwirkung mit den Elektronen in der Schale u.A. auch den Valenzelektronen. Der Atomradius wird durch die Anzahl der Elektronen beeinflusst, da nur eine gewisse Menge an Elektronen pro Schale platz findet. Je mehr Elektronen in der Schale sind, desto besser wird der Kern abgeschirmt und desto schwächer ist die Anziehungskraft zu den Elektronen in der nächsten Schale.

Zusammenfassend ist zu sagen, dass die Ionisierungsenergie innerhalb der Hauptgruppe aufgrund des zunehmenden Atomradius abnimmt und innerhalb der Periode die Ionisierungsenergie aufgrund der steigenden Kernladung zunimmt.

1. Klassenarbeit aus der Chemie

Aufgabe 1

a) Nenne das Alkalimetall, das auf Paraffinöl schwimmt.

b) Nenne das Alkalimetall, welches (wenn man es in die Hand nehmen könnte) in der Hand schmelzen würde.

c) Erkläre warum es bei Cäsium und Rubidium nicht mehr reicht, sie in Paraffinöl zu lagern.

Aufgabe 2

Vervollständige sinnvoll die Tabelle mit Informationen aus dem und über das Periodensystem der Element (PSE).

Elementsymbol	Protonenzahl	relative Atommasse	Neutronenzahl des häufigsten Isotops
C			
	41		
			42
		137,33u	
	69		

Aufgabe 3

Der Wissenschaftler Weiß-von-Nix findet in einem Gemenge folgende vier (frei erfundene) Atomsorten: ${}^{40}_{20}W$ ${}^{36}_{18}X$ ${}^{40}_{18}Y$ ${}^{40}_{19}Z$

a) Begründe, um wie viele verschiedene Elemente es sich handelt. Gib – mit Begründung – die Edelgase unter ihnen an sowie die Periode, in der sie stehen.

b) Welches der vier oben angegebenen Atome bildet als Metall das Sulfid MS (M steht für Metall)? Begründe!

c) Leite für W die Zahl aller Elementarteilchen ab.

Aufgabe 4

a) Definiere den Begriff Isotop.

b) Erkläre warum man überschweres Wasser, Wasser bei dem die H-Atome durch Tritium-Isotope ausgetauscht wurden, nicht trinken sollte.

bitte wenden!

Aufgabe 5

Gib die Gesamtelektronenzahl folgender Teilchen an.

a) $^{34}_{16}S$

b) $^{32}_{16}S^{2-}$

c) $^{98}_{42}Mo^{2+}$

d) $^{116}_{50}Sn^{4+}$

Viel Erfolg!

Lösung Klassenarbeit 1.2

Aufgabe 1

a) Nenne das Alkalimetall, das auf Paraffinöl schwimmt.

Tipps und Hinweise
Elemente mit einer geringen molaren Masse haben häufig auch eine geringe Dichte. Das ist allerdings mehr als eine Faustregel zu verstehen, da die Dichte nicht nur von der Masse der Atome abhängt, sondern von der Packungsdichte der Atome, die man aus einem Periodensystem meist nicht herauslesen kann.

Lösung: Lithium ist das leichteste Metall auf der Welt. Es hat eine geringere Dichte als Paraffinöl und würde, wenn es nicht stark exotherm mit Wasser reagieren würde, auch auf Wasser schwimmen.

b) Nenne das Alkalimetall, welches (wenn man es in die Hand nehmen könnte) in der Hand schmelzen würde.

Lösung: Cäsium hat einen Schmelzpunkt von 28,44 °C. Die Hauttemperatur auf der menschlichen Handfläche beträgt durchschnittlich 32 °C und somit könnte man Cäsium auf der Hand schmelzen. Das ist grundsätzlich möglich, sofern das Cäsium in einer Glasampulle mit Argon versiegelt ist. Reines Cäsium würde bei Hautkontakt sofort zu einer chemischen Verbrennung führen.

c) Erkläre warum es bei Cäsium und Rubidium nicht mehr reicht, sie in Paraffinöl zu lagern.

Lösung: Mit zunehmender Periode nimmt die Reaktivität der Alkalimetalle zu, da das Valenzelektron leichter abgegeben wird. Cäsium und Rubidium sollten in mit Argon gefüllten Glasampullen gelagert werden. Argon ist das günstigste Edelgas und Edelgase reagieren unter Standartbedingungen nicht mit Alkalimetallen. Cäsium und Rubidium neigen leicht dazu, explosive Peroxide an Sauerstoff zu bilden, Bei einer Lagerung unter Paraffinöl kann ein vollständiger Sauerstoffausschluss nicht gewährleistet werden, da sich geringe Mengen an Sauerstoff und Wasser in Paraffinöl befinden, mit denen Rubidium und Cäsium leicht reagieren können.

Aufgabe 2

Vervollständige sinnvoll die Tabelle mit Informationen aus dem und über das PSE.

Tipps und Hinweise
In der Symbolik, die im **Periodensystem der Elemente (PSE)** verwendet wird, stecken viele Informationen: $^{A}_{Z}X$

- Z ist die **Ordnungszahl** (auch Kernladungszahl genannt), also die Anzahl der Protonen des Elements (Protonenzahl genannt). Ist das Atom ungeladen, so ist die Protonenzahl gleich der Elektronenzahl.
- A ist die **Massezahl**, die Summe der Neutronen und Protonen.
- *Achtung:* Auf der Rückseite eines Periodensystems ist die Massezahl oft keine ganze Zahl. Das kommt daher, dass es bei vielen Elementen mehrere stabile Isotope gibt, also Atome mit gleicher Protonenzahl und unterschiedlicher Neutronenzahl. Die angegebene Massezahl ist dann ein, mit der Häufigkeit der stabilen Isotope gewichteter Mittelwert. Auf der Vorderseite (ganze Zahlen) ist dies die Massezahl des häufigsten Isotops.
- X steht für die Abkürzung des **Elementnamens**.

Lösung Klassenarbeit 1.2

Elementsymbol	Protonenzahl	relative Atommasse	Neutronenzahl des häufigsten Isotops
C	6	12,01u	6
Nb	41	92,91u	52
As	33	74,92u	42
Ba	56	137,33u	81
Tm	69	168,93u	100

Aufgabe 3

Der Wissenschaftler Weiß-von-Nix findet in einem Gemenge folgende vier (frei erfundene) Atomsorten:

${}^{40}_{20}W \quad {}^{36}_{18}X \quad {}^{40}_{18}Y \quad {}^{40}_{19}Z$

a) Begründe, um wie viele verschiedene Elemente es sich handelt. Gib – mit Begründung – die Edelgase unter ihnen an sowie die Periode, in der sie stehen.

Tipps und Hinweise
In dieser Symbolik, die auch im Periodensystem der Elemente verwendet wird, stecken viele Informationen:

$${}^{A}_{Z}X$$

siehe Tipps und Hinweise Aufgabe 1 und Aufgabe 2

Hier haben wir die Ordnungszahlen 18, 19 und 20, also gibt es drei verschiedene Elemente.

${}^{36}_{18}X$ und ${}^{40}_{18}Y$ sind Isotope desselben Elements.

Es handelt sich um **drei verschiedene Elemente**, da drei verschiedene Protonenzahlen vorhanden sind. Sie stehen in der 3. Periode des Periodensystems.

b) Welches der vier oben angegebenen Atome bildet als Metall das Sulfid MS (M steht für Metall)? Begründe!

Da das Metall nur einmal in der Verbindung vorkommt und Sulfid zweiwertig ist, muss also auch das gesuchte Metall zweiwertig sein. Das ist es dann, wenn es 2 Elektronen in der äußersten Schale hat, also 2 Elektronen abgibt, um Edelgaselektronenkonfiguration zu erreichen. Da ein Element mit Ordnungszahl 18 Edelgaselektronenkonfiguration hat, ist also das Element mit der Ordnungszahl 20 zweiwertig. **Das ist hier das Element W.**

Lösung Klassen-arbeit 1.2

c) Leite für W die Zahl aller Elementarteilchen ab.

Wie bereits angesprochen, gibt die Ordnungszahl bei einem neutralen Atom sowohl Protonen- als auch Elektronenzahl, hier 20. Die Neutronenzahl ergibt sich als Differenz der Massezahl und der Ordnungszahl, hier **40 – 20 = 20**.

Aufgabe 4

a) Definiere den Begriff Isotop.

Lösung: Ein Isotop ist ein Atom, das bezüglich eines Atoms des gleichen Elements eine andere Neutronenzahl und damit auch eine andere Massezahl hat.
Zwei Isotope haben also die **gleiche Ordnungszahl**, aber **unterschiedliche Massezahlen.**
Die in einem Periodensystem der Elemente gegebene gerade Massezahl ist die Massezahl des häufigsten Isotops.
Oft wird auch noch auf der Rückseite die durchschnittliche Massezahl angegeben. Dies ist die mit der relativen Häufigkeit der jeweiligen stabilen Isotope gewichtete mittlere Massezahl.

b) Erkläre warum man überschweres Wasser, Wasser bei dem die H-Atome durch Tritium-Isotope ausgetauscht wurden, nicht trinken sollte.

Tipps und Hinweise

- Vom Wasserstoff sind 3 natürlich vorkommende Isotope bekannt: ${}^{1}_{1}H,\ {}^{2}_{1}H, {}^{3}_{1}H.$
- Nur bei Wasserstoff gibt es den Spezialfall, dass die Isotope zusätzlich zu ihrer Bezeichnung nach der Masse noch eigene Namen bekommen haben: „Protium" für das normale Wasserstoff, „Deuterium" für das Wasserstoff-Isotop mit 2 Kernteilchen und „Tritium" für das Wasserstoff-Isotop mit 3 Kernteilchen. Diese beiden schweren Isotope kommen auf der Welt ziemlich selten vor. 0,015% der Wasserstoff-Atome sind Deuterium-Atome. Tritium ist so schwer, dass es radioaktiv zerfällt.

Lösung: Da Tritium ein Wasserstoff-Isotop ist und Isotope die gleichen chemischen Eigenschaften haben, geht von überschwerem Wasser keine chemische Gefahr aus. Allerdings ist Tritium radioaktiv und man sollte die Aufnahme von radioaktiven Verbindungen in den Körper aus gesundheitlichen Gründen vermeiden.

Aufgabe 5

Gib die Gesamtelektronenzahl folgender Teilchen an.

a) ${}^{34}_{16}S$

Tipps und Hinweise

In dieser Symbolik, die auch im Periodensystem der Elemente verwendet wird, stecken viele Informationen:

$${}^{A}_{Z}X$$

- X gibt die Abkürzung des Elementenamens an
- Z gibt die **Ordnungszahl** an, die Element-typische **Protonenzahl**. Ist das Atom ungeladen, so ist die Protonenzahl gleich der Elektronenzahl. A gibt die **Massezahl** an, die Summe der Neutronen- und Protonenzahl, auch Nukleonenzahl genannt
- (Achtung: oft stehen hier im Periodensystem keine ganzen Zahlen. Dies kommt daher, dass es bei vielen Elementen mehrere stabile Isotope gibt, also Atome mit gleicher Protonenzahl und unterschiedlicher Neutronenzahl. Die angegebene Massezahl ist dann ein, mit der Häufigkeit der stabilen Isotope gewichteter Mittelwert.)

Da das Element ungeladen ist, entspricht die Anzahl der Elektronen der Anzahl der Protonen, also **16**.

b) $^{32}_{16}S^{2-}$

Dieses Teilchen ist zweifach negativ geladen, das bedeutet, es muss zwei Elektronen mehr haben als im ungeladenen Zustand. Im ungeladenen Zustand hätte es (siehe oben) 16 Elektronen. Da es aber zweifach negativ geladen ist, hat es **18 Elektronen.**

c) $^{98}_{42}Mo^{2+}$

Das Element Molybdän Mo hat im ungeladenen Zustand 42 Elektronen. Da es aber zweifach positiv geladen ist, hat es auch zwei Elektronen weniger und damit **40 Elektronen.**

d) $^{116}_{50}Sn^{4+}$

Das Element Zinn Sn hat im ungeladenen Zustand 50 Elektronen, da das der Anzahl der Protonen entspricht. Hier ist Zinn vierfach positiv geladen und hat somit 4 Elektronen weniger, nämlich **46 Elektronen.**

1. Klassenarbeit aus der Chemie

Aufgabe 1

Alkalimetalle wie Natrium oder Lithium, kommen in der Natur nicht als Metalle vor, sondern nur in Form von Natriumchlorid oder beispielsweise Lithiumcarbonat.

a) Erkläre den Sachverhalt.

b) Wieso kann man Cäsium als Begleitelement in einigen kaliumhaltigen Mineralien finden?

Aufgabe 2

Strontium ist ein Erdalkalimetall über welches eher seltener gesprochen wird. Man kennt das radioaktive $^{90}_{38}Sr$-Isotop für dessen Gefahr bei Aufnahme Knochenkrebs auszulösen. Knochen bestehen vereinfacht gesagt aus einem Calciumgerüst.

a) Erkläre wieso man Milch, die mit $^{90}_{38}Sr$ belastet ist, nicht trinken sollte.

b) Nenne 3 Verbindungen, die Erdalkali-Ionen enthalten.

Aufgabe 3

Atome unterscheiden sich nicht nur in der Anzahl der Kernteilchen und der Elektronen, sondern auch in deren Größe.

a) Erkläre welche Faktoren die Größe eines Atoms beeinflussen.

b) Stelle begründete Vermutungen darüber auf, dass das Galliumatom kleiner ist als das Aluminiumatom, obwohl es eine Schale mehr hat. Tipp: Beachte die Kernladung.

c) Warum ist das B^{3+}das kleinste isolierbare Ion und nicht das Li^{+}-Ion?

Aufgabe 4

In der Neonglimmlampe wird eine mit Neon gefüllte Leuchtröhre an eine 80 Volt Spannungsquelle angeschlossen. Unter diesen Bedingungen wird Neon ionisiert. Wenn das entstandene Ne^{+}-Ion ein Elektron „einfängt", wird Energie in Form von Licht abgegeben.

a) Formuliere die Reaktionsgleichung für die Ionisierung und das „Einfangen".

b) Zeichne das Energiestufenschema des Ne^{+}-Ions auf.

Aufgabe 5

Eine wässrige Lösung von Zink(II)-iodid wird elektrolysiert.

a) Erstelle eine beschriftete Skizze des Versuchsaufbaus und zeichne die Reaktionsprodukte in sie ein.

b) Formuliere die Gesamtgleichung der Reaktion sowie die Teilgleichungen der an den Elektroden ablaufenden Teilreaktionen.

c) Erkläre, warum Salze im festen Zustand nicht leitfähig sind.

Viel Erfolg!

Lösung Klassenarbeit 1.3

Lösung Klassenarbeit 1.3

Aufgabe 1

Alkalimetalle wie Natrium oder Lithium kommen in der Natur nicht als Metalle vor, sondern nur in Form von Natriumchlorid oder beispielsweise Lithiumcarbonat.

a) Erkläre den Sachverhalt!

Tipps und Hinweise
Alkalimetalle, sind für ihre hohe Reaktivität bekannt. Sie reagieren sowohl mit Wasser als auch mit Sauerstoff oder Säure. Der Grund dafür ist die niedrige Elektronegativität, welche beschreibt, dass das Atom nicht stark an Elektronen zieht u.a. auch die eigenen Valenzelektronen. Die Abgabe von Elektronen, welche Oxidation genannt wird, ist eine chemische Reaktion.

Lösung: Da Alkalimetalle sehr reaktiv sind, würde die elementare Form sofort mit Luftsauerstoff oder Wasser zu einem Salz reagieren.

b) Wieso kann man Cäsium als Begleitelement in einigen kaliumhaltigen Mineralien finden?

Tipps und Hinweise
Das Periodensystem ist in Hauptgruppe und Perioden unterteilt. Die Periode beschreibt, wie viele Schalen die Atomhülle beinhaltet (je mehr, desto größer ist das Atom). Die Hauptgruppe lässt auf die Anzahl der Valenzelektronen schließen.

Lösung: Cäsium ist genau wie Kalium ein Alkalimetall und bildet auch einwertige Ionen: in dem Fall Cs^{+}-Ionen. Diese haben die gleiche Ladung wie Kalium-Ionen und können so leichter in Salze eingebaut werden. Allerdings ist Cäsium nur ein Begleitelement, da es zwar die richtige Ladung hat, aber wesentlich größer ist als das Kalium-Ion. Deswegen kommt es nur in geringen Mengen in kaliumhaltigen Salzen vor.

Aufgabe 2

Strontium ist ein Erdalkalimetall über welches eher seltener gesprochen wird. Man kennt das radioaktive $^{90}_{38}Sr$ -Isotop für dessen Gefahr bei Aufnahme Knochenkrebs auszulösen. Knochen bestehen vereinfacht gesagt aus einem Calciumgerüst.

a) Erkläre wieso man Milch, die mit $^{90}_{38}Sr$ belastet ist, nicht trinken sollte.

Tipps und Hinweise
Ionen oder Atome mit der gleichen Elektronenkonfiguration, also der gleichen Anzahl an Außenelektronen, nennt man isoelektronisch. Das gibt es auch für Verbindungen, bei denen die Elektronenpaare ähnlich über die Bindungspartner verteilt sind. Auch hierbei wird von Isoelektronie gesprochen.

Lösung: Milch ist bekanntlich reich an Calcium und da Calcium im Periodensystem direkt über Strontium steht, bilden beide gleichwertige Ionen: $Ca^{2+} bzw.\ Sr^{2+}$-Ionen. Knochen lagern durch die Nahrung aufgenommenes Calcium ein und genauso gut kann radioaktives Strontium zu einem gewissen Grad in den Knochen eingelagert werden. Radioaktive Substanzen in den Knochen eingelagert zu haben, ist gesundheitsschädlich und deswegen sollte man keine mit radioaktivem Strontium belastete Milch trinken.

b) Nenne 3 Verbindungen, die Erdalkali-Ionen enthalten.

Kalk oder Marmor bestehen aus Calciumcarbonat, welches die Summenformel $CaCO_3$ hat. Magnesiumcarbonat wird häufig im Sport für besseren Halt verwendet. Es hat die Summenformel $MgCO_3$.
Flussspat ist ein natürlich vorkommendes Mineral mit der Summenformel CaF_2.

Aufgabe 3

Atome unterscheiden sich nicht nur in der Anzahl der Kernteilchen und der Elektronen, sondern auch in deren Größe.

Tipps und Hinweise
- Atome sind zu 99% leerer Raum. Nur in einem minimal kleinen Punkt ist die gesamte Masse des Atoms konzentriert: dem Atomkern.
- In der Hülle des Atoms befinden sich die Elektronen, die sehr viel Platz einnehmen. Die Hülle kann nach Bedarf vergrößert werden, wenn ein Elektron eingefangen wird, oder verkleinert werden, wenn ein Elektron abgegeben wurde. Die Hülle wird in verschiedene Schalen unterteilt, in der nur eine fest definierte Menge an Elektronen maximal Platz findet.
- In die erste Schale passen 2 Elektronen, in die 2. Schale passen 8 Elektronen und in die 3. Schale passen 18 Elektronen. Auch wenn in die dritte Schale bis zu 18 Elektronen passen, wird diese nicht immer mit 18 Elektronen besetzt. Zuerst werden gedanklich die kernnahen Schalen besetzt und anschließend ist darauf zu achten, dass die Valenz, also die äußerste Schale die richtige Menge (erkennbar an der Hauptgruppe) an Elektronen besitzt.
- Beispiel.: Rubidium hat in der 1. Schale zwei Elektronen, in der 2. Schale acht Elektronen, in der 3. Schale 18 Elektronen, in der 5. (Valenz) Schale ein Elektron und in der 4. Schale acht Elektronen.

a) Erkläre welche Faktoren die Größe eines Atoms beeinflussen.

Lösung: Die Anzahl der Elektronen beeinflusst nicht direkt die Größe des Atoms, allerdings beeinflusst die Anzahl an besetzten Schalen die Atomgröße. So besitzt zwar das Magnesiumatom mehr Elektronen als das Natriumatom, allerdings ist das Magnesiumatom kleiner. Das liegt an dem zweiten Faktor: der Kernladung. Je höher die Kernladung, also die Anzahl der Protonen im Kern, desto stärker werden die Elektronen in den Schalen an den Kern gezogen. So sinkt die Größe des Atoms innerhalb einer Periode, da die Schalenanzahl gleich bleibt aber die Kernladung steigt.

b) Stelle begründete Vermutungen darüber auf, dass das Galliumatom kleiner ist als das Aluminiumatom, obwohl es eine Schale mehr hat. Tipp: Beachte die Kernladung.

Lösung: Das Galliumatom hat zwar mehr besetzte Schalen als das Aluminiumatom bei gleichbleibender Außenelektronenzahl, da sie in der gleichen Hauptgruppe sind, allerdings steigt die Kernladung zwischen der 3.- und der 4. Periode von Aluminium zu Gallium um +18. Das bedeutet, dass der Kern viel stärker an den Elektronen zieht als dass die zusätzliche Schale das ausgleichen kann. Netto schrumpft die Größe des Galliumatoms verglichen zum Aluminiumatom.

c) Warum ist das B^{3+} das kleinste isolierbare Ion und nicht das Li^{+}-Ion?

Lösung: Das Bor-Ion und das Lithium-Ion haben die gleiche Anzahl an besetzten Schalen: eine. Da das Boratom eine höhere Kernladung besitzt als das Lithiumatom werden beim Bor-Ion die zwei Elektronen auf der ersten und einzigen Schale stärker angezogen als die zwei Elektronen im Lithium-Ion. So ist das Bor-Ion kleiner als das Lithium-Ion.
Das hypothetische C^{4+}-Ion konnte noch nicht isoliert werden, da es zu instabil ist. Ab Stickstoff sind Anionen stabiler, die durch den Elektroneneinfang verglichen zum atomaren Zustand sogar größer sind.

Aufgabe 4

In der Neonglimmlampe wird eine mit Neon gefüllte Leuchtröhre an eine 80 Volt Spannungsquelle angeschlossen. Unter diesen Bedingungen wird Neon ionisiert. Wenn das entstandene Ne^{+}-Ion ein Elektron „einfängt", wird Energie in Form von Licht abgegeben.

a) Formuliere die Reaktionsgleichung für die Ionisierung und das „Einfangen".

b) Zeichne das Energiestufenschema des Ne^{+}-Ions auf.

Tipps und Hinweise

- Die Abgabe von Elektronen wird als Oxidation bezeichnet und die Aufnahme als Reduktion.
- Edelgase sind dafür bekannt unter Standardbedingungen nicht zu reagieren. Wenn man Elektronen von diesen Elementen entfernen möchte, ist das mit einem sehr hohem Energieaufwand verbunden. Diese Edelgaskationen sind dadurch sehr reaktiv und werden leicht reduziert.

Lösung: a)

Ionisierung: $Ne \rightarrow Ne^{+} + e^{-}$

Elektroneneinfang / Reduktion: $Ne^{+} + e^{-} \rightarrow Ne$

b)

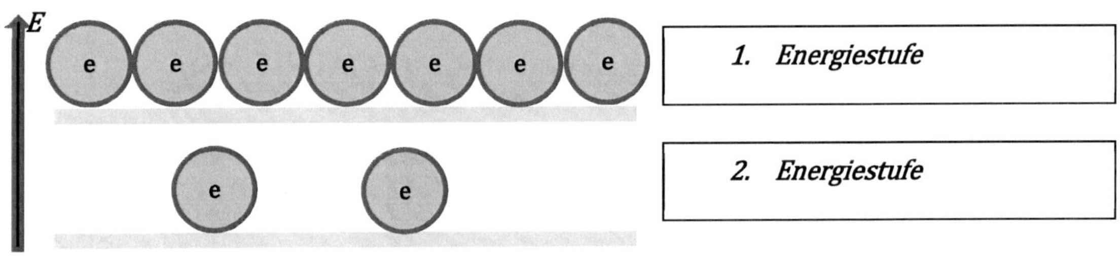

Aufgabe 5

Eine wässrige Lösung von Zink(II)-iodid wird elektrolysiert.

a) Erstelle eine beschriftete Skizze des Versuchsaufbaus und zeichne die Reaktionsprodukte in sie ein.

Tipps und Hinweise

Die Elektrolyse beschreibt eine durch elektrischen Strom erzwungene chemische Reaktion. Viele wässrige Salzlösungen können durch Elektrolyse in die reinen Elemente zerlegt werden aus deren Ionen sie bestehen.

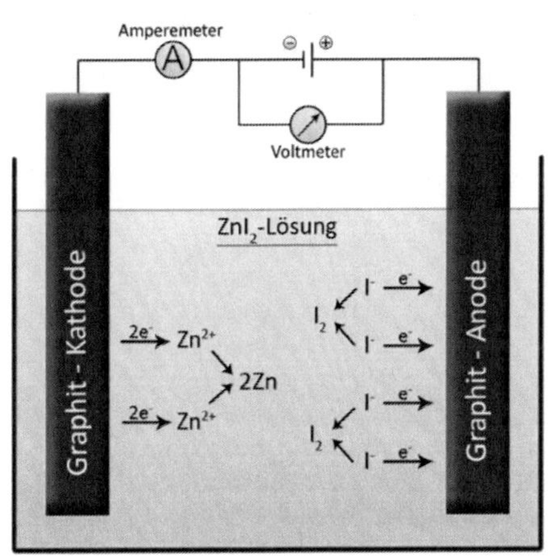

b) Formuliere die Gesamtgleichung der Reaktion sowie die Teilgleichungen der an den Elektroden ablaufenden Teilreaktionen.

Oxidationsgleichung: $2\,I^- \rightarrow 2\,e^- + I_2$
Da Iod nur molekular vorkommt, müssen zwei Iodid-Ionen oxidiert werden. Diese geben je ein Elektron ab, deswegen werden 2 Elektronen „frei".
Reduktionsgleichung: $Zn^{2+} + 2\,e^- \rightarrow Zn$
Redoxreaktion: $Zn^{2+} + 2\,I^- \rightarrow Zn + I_2$

c) Erkläre, warum Salze im festen Zustand nicht leitfähig sind.

Salze im festen Zustand sind nicht elektrische leitfähig, da es für elektrischen Strom bewegliche Elektronen braucht. Die Elektronen sind in einem Salzgitter fest bei den Anionen gehalten und können sich nicht frei durch die Gitterstruktur bewegen. Andere freibewegliche Ladungsträger gibt es in festen Salzen auch nicht.
Salzlösungen sind elektrisch leitfähig aber nicht, weil sich Elektronen direkt bewegen können, sondern die Kationen und die Anionen des Salzen können sich mit einer Hydrathülle durch die Lösung bewegen und so durch einen Ladungsausgleich zu einem geschlossenem Stromkreis führen.

1. Klassenarbeit aus der Chemie

Aufgabe 1

Übersetze die folgenden Stoffnamen in Formelsprache:

Stickstoffdioxid: Kupfer(II)-oxid:

Calciumchlorid: Aluminiumoxid:

Aufgabe 2

a) Begründe, warum die angegebenen Valenzstrichformeln falsch sind und zeichne die korrekte Valenzstrichformel für die Moleküle.

Valenzstrichformel Angabe	**Begründung für eventuelle Fehler in der angegebenen Formel**	**Valenzstrichformel Verbesserung**
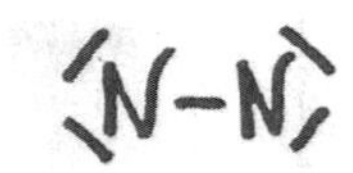		
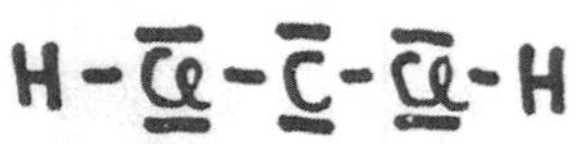		
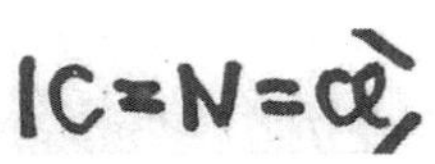		
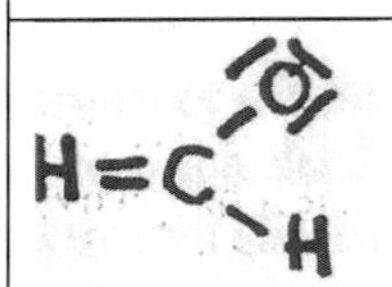		
H H | | C—C=O | | H H		

b) Benenne die Raumstruktur der unten abgebildeten Moleküle. Schreibe auf die Striche.

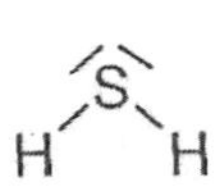 __________ 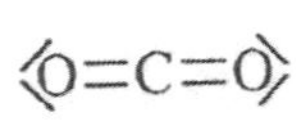 __________ 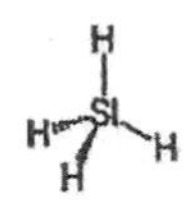 __________

c) Welche Art der chemischen Bindung hält Legierungen zusammen und was versteht man unter einer 5%igen Legierung von Zinn mit Kupfer?

bitte wenden!

d) Ergänze die Formel, Stoff- und Bindungsarten sowie die genannten Eigenschaften der in der Tabelle genannten Stoffe.

Name des Stoffes	**Summen-Formel**	**Stoffart**	**Bindungsart**	**Eigenschaften (Verformbarkeit Vb, elektrische Leitfähigkeit Lf)**
Eisen(II)-chlorid				
Eisen	**Fe**			
Wasser	**H_2O**			

Aufgabe 3

Benenne die folgenden Stoffe:

$NaCl$: Cu_2O:

SO_3: Fe_2O_3:

Aufgabe 4

Stelle folgende Reaktionsgleichungen richtig:

$S + O_2 \quad SO_3$

$Al + Cl_2 \quad AlCl_3$

Aufgabe 5

Gib für die folgenden Salze die Formel an.

a) Aluminiumsulfid

b) Natriumcarbonat (Carbonation: CO_3^{2-})

c) Calciumphosphat (Phosphation: PO_4^{3-})

Viel Erfolg!

Lösung Klassenarbeit 1.4

Aufgabe 1
Übersetze die folgenden Stoffnamen in die Formelsprache:

Tipps und Hinweise

- Die Benennung von Elementen geht wie folgt: Zunächst kommt die Anzahl der ersten Atomsorte („mono" „di", „tri", „tetra" etc.). Einzahlige Atomsorten am Anfang werden einfach so genannt, die zweiten bekommen immer eine Vorsilbe, da es sonst auf eine nicht eindeutige Benennung hinweist. Die erste Atomsorte wird deutsch benannt. Anschließend kommen wieder eine Vorsilbe, die die Anzahl der zweiten Atomsorte angibt, und dann das zweite Element der Verbindung auf Griechisch. Zum Schluss kommt bis auf ganz wenige Ausnahmen die Endung „-id".
- Man kann, wenn man möchte, anstatt der Anzahl auch die Wertigkeit angeben, denn die Wertigkeit steht in direktem Zusammenhang. Beachte: Während die Atomzahl durch eine Vorsilbe angegeben wird, steht die Wertigkeit nach der Elementbezeichnung. Wertigkeit und Atomzahl werden zusammen üblicherweise jedoch nicht angegeben, da dies überflüssig wäre.
- Die Wertigkeit eines Elements lässt sich normalerweise mit der Hauptgruppen-Nummer bestimmen. Dennoch sollte man sich unbedingt merken, dass Sauerstoff (fast immer) II-wertig ist, Chlor (fast immer) und Wasserstoff (immer) einwertig.

Für Spezialisten

Die Wertigkeit hängt mit der Anzahl der Bindungsmöglichkeiten zusammen und daher mit den Valenzelektronen. Bei einer Elektronenpaarbindung (auch kovalente Bindung genannt) sind beispielsweise, wie der Name schon sagt, 2 Elektronen vorhanden, die sich die Bindungspartnern teilen. Kohlenstoff besitzt immer vier dieser Elektronenpaare (vier Bindungsstriche), Wasserstoff hingegen nur eines.

Bei ionischen Bindungen steht beispielsweise Natrium in der 1. Hauptgruppe, hat ein Valenzelektron, ist daher einwertig und möchte also, um Edelgaskonfiguration (8 Valenzelektronen) zu erreichen, ein Elektron abgeben. Sauerstoff hingegen steht in der 6. Hauptgruppe und braucht daher zwei weitere Elektronen, um die extrem energetisch günstige Edelgaskonfiguration zu erreichen, ist also zweiwertig. Daher ist eine günstige Verbindung, wenn sich zwei Natriumatome mit einem Sauerstoffatom verbinden, da alle Atome dann Edelgaskonfiguration haben: Sauerstoff bekommt jeweils ein Elektron von den Natriumatomen, die ihre Elektronen los werden.

- Die Wertigkeit bestimmt sich also wie folgt: Man nehme die Hauptgruppe des Elements. Bei Hauptgruppe 1-3 ist die Nummer gleich der Wertigkeit, bei Hauptgruppe 5-8 ist die Wertigkeit.
- 8 minus die Hauptgruppen-Nummer. Bei Elementen der 4. Hauptgruppe muss man vorsichtig sein, da diese teilweise von diesem System abweichende Wertigkeiten haben.
- Abweichler sind die Übergangsmetalle, alle Elemente die von der Verbindungslinie von Bor zu Astat berührt werden plus Germanium. Nichtmetalle haben die Wertigkeit ihrer Hauptgruppen-Nummer, Metalle die Wertigkeit von 8 minus ihrer Hauptgruppen-Nummer.

Die Wertigkeit mal die Atomzahl muss bei beiden Atomsorten gleich sein. Z.B bei Na_2O gilt: 1 (Wertigkeit von Na) *2 (Anzahl von Na) = 2 (Wertigkeit von Sauerstoff) *1 (Anzahl von Sauerstoff).

a) Stickstoffdioxid:
Dies ist eine Benennung mit Vorsilben, die die Atomzahlen angibt. Stickstoff (N) ist einmal vorhanden, Sauerstoff (O, „oxid") zweimal. Daher ergibt sich: NO_2

b) Kupfer(II)-oxid:
Dies ist eine Benennung mit der Wertigkeit. Kupfer (Cu) ist in dieser Verbindung zweiwertig, Sauerstoff ist ebenfalls zweiwertig aufgrund seiner Position in der 6. Hauptgruppe. Da die Produkte der Wertigkeiten mal der Atomzahlen übereinstimmen sollen, sowie mit dem kleinsten gemeinsamen Vielfachen gearbeitet werden, kommen beide Atomsorten gleichviel, also einmal vor: CuO

c) Calciumchlorid:
Dies ist eine nicht eindeutige Benennung ohne Zählvorsilben oder Wertigkeiten. Daher muss man die Wertigkeiten der Atomsorten feststellen: Calcium (Ca) steht in der 2. Hauptgruppe und ist daher II-wertig, Chlor (Cl) steht in der 7. Hauptgruppe und ist daher (8-7)=I-wertig. Deshalb ergeben sich als kleinstes gemeinsames Vielfaches der Wertigkeiten 2 und die Atomzahlen als Quotient des Vielfachen durch die jeweilige Wertigkeit. Also kommt Calcium (2/2)=1-mal in der Verbindung vor, Chlor (2/1)=2-mal: $CaCl_2$

d) Aluminiumoxid:
Dies ist eine erneut uneindeutige Benennung ohne Zählvorsilben oder Wertigkeiten. Daher muss man die Wertigkeiten der Atomsorten feststellen: Aluminium (Al) steht in der 3. Hauptgruppe und hat daher die Wertigkeit III. Sauerstoff (O) ist zweiwertig aufgrund seiner Position in der 6. Hauptgruppe. Das kleinste gemeinsame Vielfache ist (2*3)=6. Die Atomzahlen ergeben sich wieder als Quotient des Vielfachen und der Wertigkeit des Element: Aluminium kommt also (6/3)=2-mal in der Verbindung vor, Sauerstoff (6/2)=3-mal: Al_2O_3

Lösung Klassenarbeit 1.4

Aufgabe 2

a) Begründe, warum die angegebenen Valenzstrichformeln falsch sind und zeichne die korrekte Valenzstrichformel für die Moleküle.

Valenzstrichformel Angabe	Begründung für eventuelle Fehler in der angegebenen Formel	Valenzstrichformel Verbesserung
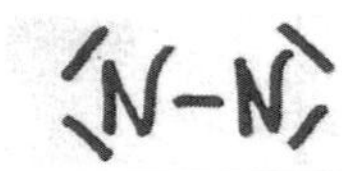	Stickstoff ist dreibindig → Dreifachbindung	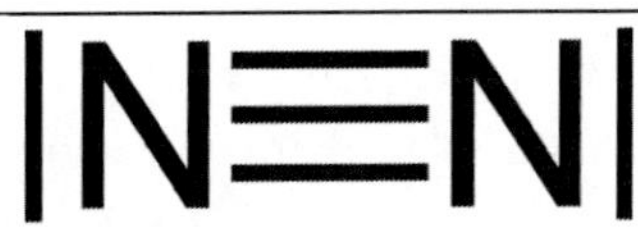
	Nicht linear, Dichlormethan ist tetraedisch aufgebaut	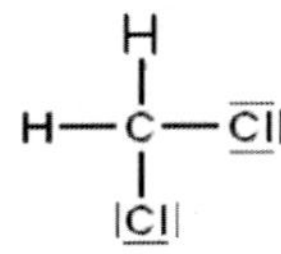
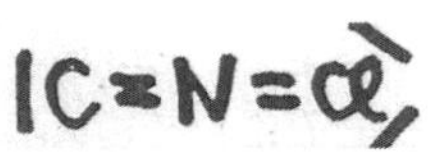	Stickstoff ist dreibindig → Dreifachbindung	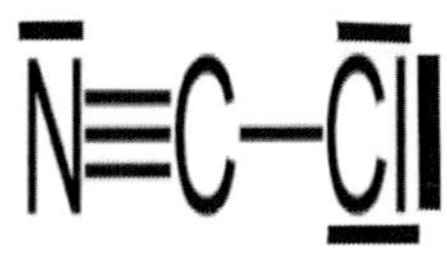
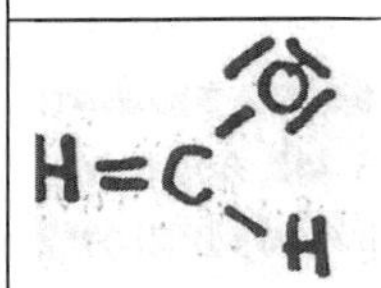	Doppelbindung am H geht nicht, H ist immer einfach gebunden (nur ein Valenzelektron)	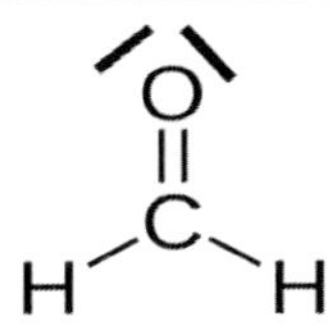
H H | | C—C=O | | H H	Kohlenstoff ist in organischen Verbindungen immer vierbindig und niemals drei- oder fünfbindig	H H | | H—C—C=O | H

b) Benenne die Raumstruktur der unten abgebildeten Moleküle. Schreibe auf die Striche.

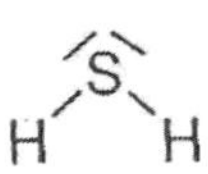 **gewinkelt planar** 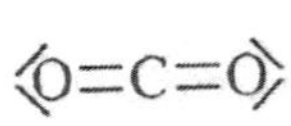 **linear** 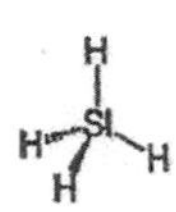 **tetraedisch**

c) Welche Art der chemischen Bindung hält Legierungen zusammen und was versteht man unter einer 5%igen Legierung von Kupfer mit Zinn?

Die metallische Bindung herrscht in Legierungen vor. Eine 5%ige Legierung von Kupfer mit Zinn bedeutet, dass das Verhältnis von Kupfer- zu Zinnatomen 95 zu 5 beträgt.

d) Ergänze die Formel, Stoff- und Bindungsarten sowie die genannten Eigenschaften der in der Tabelle genannten Stoffe.

Tipps und Hinweise

- Chlor ist einwertig, also lautet die Summenformel von Eisen(II)-chlorid $FeCl_2$. Als Verbindung von Metall und Nichtmetall ist es ein Salz und damit eine Ionenbindung. Salze sind im Kristall spröde und zerbrechlich. Als Feststoff sind Salze Kristalle und damit Nichtleiter, in der Lösung hingegen sind die Ionen gut beweglich und leiten den elektrischen Strom.
- Eisen ist ein Metall mit der Elementbezeichnung Fe. Die Eisenatome sind durch die metallische Bindung miteinander verknüpft. Metalle sind stabil aber verformbar und gute elektrische Leiter.
- Wasser hat die Formel H_2O und besteht aus Nichtmetall-Molekülen, in denen Atombindungen vorliegen. Die einzelnen Wassermoleküle werden von schwächeren Wasserstoffbrückenbindungen miteinander zu einer Flüssigkeit verbunden. Wasser ist eine sehr verformbare Flüssigkeit. Flüssigkeiten nehmen per se die Form des Gefäßes an, in dem sie sich befinden.

Name des Stoffes	Summenformel	Stoffart	Bindungsart	Eigenschaften (Verformbarkeit Vb, elektrische Leitfähigkeit Lf)
Eisen(II)-chlorid	$\overset{II}{Fe}\overset{I}{Cl_2}$	*Salz*	*Ionenbindung*	*Vb: spröde Lf: Nichtleiter als Feststoff, in Lösung leitend*
Eisen	Fe	*Metall*	*Metallische Bindung*	*Vb: stabil, verformbar Lf: elektrischer Leiter*
Wasser	H_2O	*Nichtmetall Moleküle*	*Kovalente Bindung (Atombindung)*	*Vb: sehr verformbar, nimmt Form des Gefäßes an Lf: kein Leiter*

Aufgabe 3

Benenne die folgenden Stoffe: NaCl, Cu_2O, SO_3, Fe_2O_3

Tipps und Hinweise

Hier geht man von der Formel zum chemischen Namen. Dabei hat man zwei (eindeutige) Möglichkeiten: Die Benennung mit Zählvorsilben und die Benennung mit der Wertigkeit des 1. Elements. Im Folgenden sollen beide Möglichkeiten gegeben werden:

a) NaCl:

Benennung mit Zählvorsilben: Beide Atomsorten kommen nur einmal in der Verbindung vor: Ganz korrekt müsste es demnach "Mono-Natriummonochlorid" heißen, oft wird die Vorsilbe "mono" jedoch weggelassen. Wenn keine Vorsilbe da steht, kommt das Element einmal in der Verbindung vor.

Benennung mit Wertigkeit: Natrium steht in der 1. Hauptgruppe und hat daher die Wertigkeit I: Natrium(I)-chlorid

b) Cu_2O:
Benennung mit Zählvorsilben: Kupfer kommt zweimal vor, Sauerstoff nur einmal: Dikupferoxid.
Benennung mit Wertigkeit: Kupfer steht in den Übergangsmetallen. Aufgrund der Produktregel und der Tatsache, dass Sauerstoff II-wertig ist, muss Kupfer hier I-wertig sein: Kupfer(I)-oxid

c) SO_3:
Benennung mit Zählvorsilben: Schwefel kommt einmal vor, Sauerstoff dreimal: Schwefeltrioxid.
Benennung mit Wertigkeit: Sauerstoff ist II-wertig, also muss wegen der Produktregel Schwefel hier (2*3/1)=VI-wertig sein. Also Schwefel(VI)-oxid. Die Bezeichnung mit einer so hohen Wertigkeit ist allerdings eher unüblich.

d) Fe_2O_3:
Benennung mit Zählvorsilben: Eisen kommt zweimal vor, Sauerstoff dreimal: Dieisentrioxid.
Benennung mit Wertigkeit: Sauerstoff ist II-wertig, also muss Eisen hier nach der Produktregel (3*2/2)=III-wertig sein. Also Eisen(III)-oxid.

Aufgabe 4
Stelle folgende Reaktionsgleichungen richtig:

Tipps und Hinweise
In einer Reaktionsgleichung müssen links und rechts die gleiche Anzahl einer Atomsorte stehen, da bei einer chemischen Reaktion keine Atome zerstört oder verloren werden können. Daher multipliziert man die Edukte oder Produkte mit Faktoren, um die Gleichungen auszugleichen:

a) $S + O_2 \rightarrow SO_3$

Sauerstoff steht links zweimal, rechts dreimal. Das kleinste gemeinsame Vielfache ist 6, multipliziere den Sauerstoff auf der Eduktseite also mit dem Faktor (6/2)=3 und das Schwefeloxid auf der Produktseite mit dem Faktor (6/3)=2. So stehen auf jeder Seite 6 Sauerstoffe.

$$S + 3\,O_2 \rightarrow \mathit{2}SO_3$$

Nun muss man noch den Schwefel ausgleichen, auf der Produktseite stehen 2 Schwefel, auf der Eduktseite nur einmal, also multipliziere den elementaren Schwefel mit dem Faktor 2. Nun ist die Gleichung richtig gestellt.

$$\mathit{2}S + 3\,O_2 \rightarrow \mathit{2}SO_3$$

b) $Al + Cl_2 \rightarrow AlCl_3$

Wer genau hinschaut, erkennt, dass hier nur die Elementnamen ausgetauscht wurden, die Verhältnisse der Atomzahlen sind gleich. Daher sind auch die Ausgleichsfaktoren hier gleich:

Chlor steht links zweimal, rechts dreimal. Das kleinste gemeinsame Vielfache ist 6, multipliziere den Chlor auf der Eduktseite also mit dem Faktor (6/2)=3 und das Aluminiumchlorid auf der Produktseite mit dem Faktor (6/3)=2. So stehen auf jeder Seite 6 Chlor.

$$Al + 3\,Cl_2 \rightarrow 2\,AlCl_3$$

Nun muss man noch das Aluminium ausgleichen, auf der Produktseite stehen 2 Aluminium, auf der Eduktseite nur einmal, also multipliziere das elementare Aluminium mit dem Faktor 2. Nun ist die Gleichung richtig gestellt.

$$\mathit{2}\ Al + \mathit{3}\ Cl_2 \rightarrow \mathit{2}\ AlCl_3$$

Aufgabe 4

Gib für die folgenden Salze die Formel an.

Tipps und Hinweise

- Die Summenformel einer Verbindung bestimmt man durch die Wertigkeiten der Einzelteile.
- Das Produkt von Wertigkeit und Atomzahl der Stoffe in der Verbindung müssen stets übereinstimmen.
- Zunächst werden also die Wertigkeiten mithilfe des Periodensystems bestimmt, dann das kleinste gemeinsame Vielfache dieser Werte gebildet.
- Die Anzahl der Atome einer Teilchensorte erhält man dann durch den Quotienten aus dem kleinsten gemeinsamen Vielfachen durch die Wertigkeit der Atomsorte.
  Achtung: Diese Summenformeln geben die Anzahl der Atome in einem Salz an oder aber das Verhältnis der Teilchenzahlen der verschiedenen Stoffe in einer Verbindung.
- Aufpassen sollte man, wenn der Name der Formel nicht auf „-id" endet, sondern beispielweise auf „-at", denn dann ist dies ein zusammengesetztes Ion, dessen Formel man entweder auswendig kennen muss oder die in der Angabe gegeben wird.

a) Aluminiumsulfid

Aluminium ist dreiwertig, Schwefel zweiwertig. Das kleinste gemeinsame Vielfache der Wertigkeiten ist 6, die Teilchenanzahl von Aluminium ist dann 6/3=2, die Anzahl der Schwefelatome 6/2=3
Also: Al_2S_3

b) Natriumcarbonat (Carbonation: CO_3^{2-})

Natrium ist einwertig. Das Carbonat-Ion ist zweifach negativ geladen und daher zweiwertig. Das kleinste gemeinsame Vielfache der Wertigkeiten ist 2, die Teilchenzahl von Natrium daher 2/1=2, die Teilchenzahl der Carbonat-Ionen dann 2/2=1.
Also: Na_2CO_3

c) Calciumphosphat (Phosphation: PO_4^{3-})

Kalzium ist zweiwertig, das Phosphat-Ion ist dreifach negativ geladen und daher dreiwertig. Das kleinste gemeinsame Vielfache der Wertigkeiten ist 6, die Teilchenanzahl des Kalziums daher 6/2=3 und die Teilchenanzahl der Phophat-Ionen 6/3=2.
Daher schreibt man mit Klammern, um die Indizes unterscheiden zu können: $Ca_3\ (PO_4)_2$

Vorinformationen zu den Themengebieten der 2. Klassenarbeiten

Molekülverbindungen und Katalysatoren

Moleküle sind die zweite Art an Verbindungen, die in der Schule behandelt werden (Legierungen werden nicht bis selten behandelt). Moleküle sind Verbindungen unter Nichtmetallen. Aufgrund der hohen Elektronegativität der Nichtmetalle herrscht innerhalb der Moleküle eine Elektronenpaarbindung (im Gegensatz zu der ionischen Bindung in Salzen).
Die Zusammensetzung von Molekülen, wird durch Summenformeln beschrieben, die anzeigen wie viele Atome von welchem Element in einem Molekül vorhanden sind.

Die Struktur, also wie die Atome angeordnet sind, wird durch die Lewisformel beschrieben. Dabei wird zwischen bindenden und nichtbindenden Elektronenpaaren beschrieben. Da Elektronen negativ geladen sind und sich gegenseitig abstoßen, wird von den Atomen eine bestimmte räumliche Struktur eingenommen, die aus der Elektronenpaarabstoßung resultiert.

Beschrieben wird diese Struktur durch das VSEPR-Modell. Da nicht alle Elemente die gleiche Elektronegativität haben, kann es zur Ausbildung von polaren Elektronenpaarbindungen kommen. Diese Polarität hat Auswirkungen auf die Anziehungskraft, die zwischen einzelnen Molekülen ausgebildet werden. Dabei wird zwischen Van-der-Waals (*Londonsche* Dispersions)-Wechselwirkungen, Dipol-Dipol-Wechselwirkungen und Wasserstoffbrückenbindungen unterschieden.

Säuren und Basen – Protonenübergänge

Die Entwicklung des Säure-Base-Begriffes wird zwar in der Schule behandelt, jedoch wird im fortlaufenden Unterricht größtenteils mit der Definition nach Brönsted gearbeitet: Säuren sind Protonendonatoren und Basen sind Protonenakzeptoren.

Wenn Säuren in Wasser gelöst werden, kann von der gesamten Lösung ein pH-Wert bestimmt werden. Der pH-Wert ist mathematisch definiert als: $-\log [H^+]$ und gibt an, wie hoch die H^+/H_3O^+ Konzentration in einer Lösung ist; je höher, desto niedriger ist der Wert. Die pH-Skala reicht von 0 (stark sauer) über 7 (neutral) zu 14 (alkalisch). Werden Säuren mit Basen zusammengegeben, so neutralisieren sich diese unter Bildung von Salzen und meist Wasser.

2. Klassenarbeit aus der Chemie

Aufgabe 1
Vergleiche tabellarisch Salze mit Molekülen. Nutze als Beispiel Calciumfluorid CaF_2 und Wasser (H_2O). Gehe dabei auf Bindungsverhältnisse, Formelschreibweise und weitere Aspekte ein.

Aufgabe 2
Schreibe die Lewisformel von folgenden Verbindungen inklusive nichtbindender Elektronenpaaren auf.
a) Fluorwasserstoff: HF
b) Stickstoff: N_2
c) Kohlensäure: H_2CO_3
d) Hydrazin: H_2N_2

Aufgabe 3
Moleküle sind nicht 2-dimensional, sondern haben eine bestimmte geometrische Struktur.
a) Welche Faktoren spielen eine Rolle bei der geometrischen Struktur eines Moleküls.
b) Welche Geometrien kann ein Molekül aufweisen. Nenne mindestens 3 mit passendem Beispiel.

Aufgabe 4
Ordne folgende Bindungen nach zunehmender Polarität:
- Kohlenstoff – Sauerstoff C-O
- Bor – Fluor B-F
- Kohlenstoff – Wasserstoff C-H
- Kohlenstoff – Kohlenstoff C-C
- Wasserstoff – Chlor H-Cl
- Kalium – Fluor K-F

Aufgabe 5
Erkläre folgende Sachverhalte:
a) Feuchte Handtücher saugen Wasser besser auf als trockene.
b) Natriumchlorid löst sich viel besser in Wasser als Bleiiodid.

Viel Erfolg!

Lösung Klassenarbeit 2.1

Lösung Klassenarbeit 2.1

Aufgabe 1 (Moleküle erkennen)

Vergleiche tabellarisch Salze mit Molekülen. Nutze als Beispiel Calciumfluorid CaF_2 und Wasser (H_2O). Gehe dabei auf Bindungsverhältnisse, Formelschreibweise und weitere Aspekte ein.

Tipps und Hinweise
Auch wenn Salze und Moleküle eine Summenformel zu haben scheinen, handelt es sich bei Salzen um eine Verhältnisformel.

	Salze	**Moleküle**
Bindungsart	Ionisch	Kovalent
Formel	Verhältnisformel	Summenformel + Lewisformel
Schmelz/Siedepunkt	Hoch	Niedrig
Atomsorte	Metall-Ion + Nichtmetall-Ion	Nichtmetalle

Salze haben Verhältnisformeln, die angeben in welchem Verhältnis die Kationen und Anionen durchschnittlich über den ganzen Kristall verteilt stehen. Moleküle haben eine fest definierte Größe und damit gilt es auch über die Summenformel ALLE beteiligten Atome in ihrer Anzahl anzugeben.

Aufgabe 2 (Lewis-Schreibweise)

Schreibe die Lewisformel von folgenden Verbindungen inklusive nichtbindender Elektronenpaaren auf.
a) Fluorwasserstoff: HF b) Stickstoff: N_2 c) Kohlensäure: H_2CO_3 d) Hydrazin: H_2N_2

Tipps und Hinweise
Folgende Vorgehensweise ist zu empfehlen:

1. Zählen wie viele Valenzelektronen jedes Atom hat.
2. Anzahl der Binden Elektronen bestimmen: Differenz der Valenzelektronen zu 8.
3. Atom mit den meisten bindenden Elektronen weiter Innen im Molekül platzieren, zweitmeiste näher und Atome mit einem bindenden Elektron an den Rand des Moleküls.
4. Bindende Elektronen als Punkte und nichtbindenden Elektronen bereits gepaart als Punkte aufschreiben.
5. Bindende Elektronen zwischen den Atomen verbinden: Bindungen zwischen unterschiedlichen Atomen werden bevorzugt.

a) Fluorwasserstoff: HF

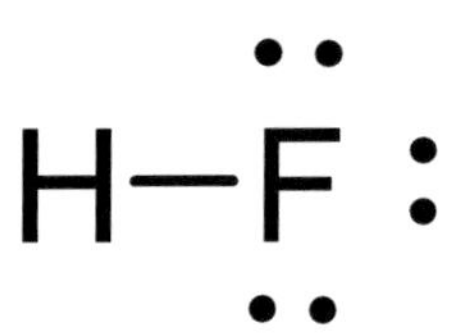

b) Stickstoff: N_2

c) Kohlensäure: H_2CO_3

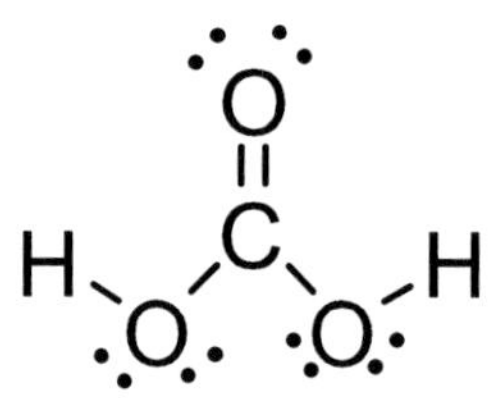

d) Hydrazin: H_2N_2

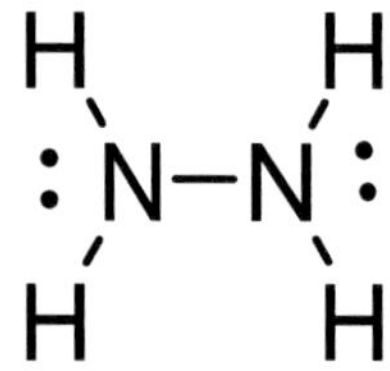

Aufgabe 3 (VSEPR-Modell)

Moleküle sind nicht 2-dimensional, sondern haben eine bestimmte geometrische Struktur.
a) Welche Faktoren spielen eine Rolle bei der geometrischen Struktur eines Moleküls.

Tipps und Hinweise

- VSEPR steht für „valence shell electron pari repulsion" auf Deutsch „Valenzschalen-Elektronenpaar-Abstoßung".
- Bei dem Modell wird also betrachtet, dass sie Elektronenpaare aufgrund ihrer negativen Ladung gegenseitig abstoßen.
- Da in einem Molekül viele Elektronenpaare vorhanden sind, gibt es dieses Modell, um die geometrische Form von Molekülen theoretisch vorher zu sagen. Dabei gilt, dass nichtbindende / freie Elektronenpaare mehr Platz um ein Atom einnehmen als bindende Elektronen.

- Die Anzahl an Atomen, die an das Zentralatom gebunden sind spielt eine Rolle, da weniger Atome weniger Bindungen in das Molekül bringen, deren Elektronenpaare „Platzprobleme" haben könnten.
- Die Anzahl an bindenden- und nicht-bindenden Elektronen, des Zentralatoms. Nichtbindende Elektronenpaare brauchen Mehr platz und verzerren so die Geometrie.
- Die Anzahl der Mehrfachbindungen, da diese mehr Platz brauchen als Einfachbindungen.

b) Welche Geometrien kann ein Molekül aufweisen. Nenne mindestens 3 mit passendem Beispiel.

Gewinkelt: Wasser
Pyramidal: Ammoniak
Tetraedrisch: Methan

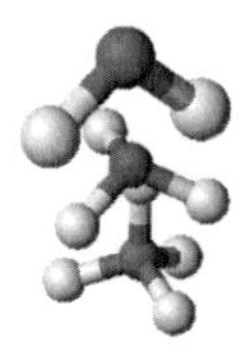

Lösung Klassenarbeit 2.1

Aufgabe 4 (polare und unpolare Elektronenpaarbindung)

Ordne folgende Bindungen nach zunehmender Polarität:

- *Kohlenstoff - Sauerstoff* *C-O*
- *Bor - Fluor* *B-F*
- *Kohlenstoff - Wasserstoff* *C-H*
- *Kohlenstoff - Kohlenstoff* *C-C*
- *Wasserstoff - Chlor* *H-CI*
- *Kalium - Fluor* *K-F*

Tipps und Hinweise

- Die Elektronegativität misst die Fähigkeit eines Elementes/Atoms, in einer Bindung die Bindungselektronen an sich zu ziehen.
- Wie groß die Elektronegativität eines Elementes ist, kannst du im Periodensystem herausfinden. Die Elektronegativität hat immer ein Wert zwischen 0,7 und 4.
- Es handelt sich dabei nicht um einen absoluten Wert, sondern um einen Vergleichswert zu anderen Atomen.
- Die Differenz der Elektronegativitäten der Bindungspartner kurz: ΔEN gibt Hinweise darüber, wie das bindende Elektronenpaar tatsächlich zwischen den Bindungspartnern verteilt ist.
- Eine Differenz von und unter 0,5 lässt auf eine unpolare Elektronenpaarbindung schließen.
- Eine Differenz von 0,6 bis 1,5 / 1,7 (die Werte können von PSE zu PSE variieren) lässt auf eine polare Elektronenpaarbindung schließen.
- Eine Differenz von über 1,5 / 1,7 bedeutet, dass eine ionische Bindung vorliegt.

Die Elektronegativitäten der Elemente nach Pauling sind:

- Kohlenstoff: 2,55
- Sauerstoff: 3,44
- Bor: 2,04
- Fluor: 3,98
- Wasserstoff: 2,20
- Chlor: 3,16
- Kalium: 0,82

Damit ergibt sich für die Differenz der Elektronegavitäten ΔEN:

C-O: $|2{,}55 - 3{,}44| = 0{,}89$

B-F: $|2{,}04 - 3{,}98| = 1{,}94$

C-H: $|2{,}55 - 2{,}20| = 0{,}35$

C-C: $|2{,}55 - 2{,}55| = 0{,}00$

H-CI: $|2{,}20 - 3{,}16| = 0{,}96$

K-F: $|0{,}82 - 3{,}98| = 3{,}16$

Die Werte nach der Größe geordnet ergeben die Vergleichskette

C-C < C-H < C-O < H-Cl < B-F < K-F

Lösung Klassenarbeit 2.1

Aufgabe 5 (Wasser als Lösemittel)
Erkläre folgende Sachverhalte:

a) Feuchte Handtücher saugen Wasser besser auf als trockene

Tipps und Hinweise
Eine Rückkopplungsschleife (feedback-loop) ist der Teil eines Systems, in dem ein Teil (oder die gesamte) Ausgabe des Systems als Eingabe für zukünftige Operationen verwendet wird. Jede Rückkopplungsschleife besteht aus mindestens vier Stufen. In der ersten Stufe wird der Input erzeugt. In der zweiten Stufe werden die Eingaben erfasst und gespeichert. In der dritten Phase werden die Eingaben analysiert, und in der vierten Phase werden die aus der Analyse gewonnenen Erkenntnisse zur Entscheidungsfindung genutzt.

Damit ein Stoff an einem anderen haftet, muss eine Wechselwirkung zwischen dem Stoff und der Oberfläche bzw. des Lösemittels ausgebildet werden. Mikrofaserhandtücher bestehen aus Polyester.
Während Wasser als intermolekulare Wechselwirkung nur Wasserstoffbrückenbindungen ausbilden kann, ist dies dem Tuch aus Polyester nicht möglich. Es müsste über eine sehr schwache elektrostatische Wechselwirkung von den ersten Wassermolekülen, die aufgewischt werden sollten zum noch trockenem Handtuch ausgebildet werden, sodass die ersten Wassermoleküle an der Oberfläche haften.
Ab diesem Zeitpunkt ist die Oberfläche des Handtuches mit Wasser benetzt und wirkt auf die nächsten Wassermoleküle, die aufgewischt werden sollen, polar. So können sich leicht zwischen der neuen polaren Oberfläche des Handtuches und der weiteren Wassermoleküle, Wasserstoffbrückenbindungen ausbilden, die in einem positivem Feedback-Loop dafür sorgen, dass ein feuchtes Handtuch besser Wasser aufsaugen kann als ein Trockenes.
Der Trick liegt darin, dass diese erste elektrostatische Wechselwirkung unter einem laufendem Wasserhahn beim angefeuchtetem Handtuch (schnell) erzwungen wurde, wohingegen beim trockenen Handtuch diese sich nur langsam von alleine ausbildet.

b) Natriumchlorid löst sich viel besser in Wasser als Bleiiodid.

Tipps und Hinweise
- Natriumchlorid setzt sich aus Natrium und Chlor zusammen. Natrium hat nach Pauling eine Elektronegativität von 0,93 und Chlor von 3,16 $\Longrightarrow \Delta EN = 3{,}16 - 0{,}93 = 2{,}23$
- Bleiiodid setzt sich aus Blei und Iod zusammen. Blei hat nach Pauling eine Elektronegativität von 2,33 und Iod von 2,66 $\Longrightarrow \Delta EN = 2{,}66 - 2{,}33 = 0{,}33$

Im Natriumchlorid ist die Elektronegativitätsdifferenz der Bindungspartner wesentlich höher ($\Delta EN = 2{,}23$) als im Bleiiodid (($\Delta EN = 0{,}33$). Dadurch ist das Natriumchlorid wesentlich polarer. Da sich Gleiches in Gleichem löst, lösen sich polare Salze wie Natriumchlorid wesentlich besser in einem polaren Lösemittel wie Wasser als Bleiiodid.

2. Klassenarbeit aus der Chemie

Aufgabe 1

Folgende Flüssigkeiten werden auf ihren pH-Wert geprüft: Sprudelwasser, Cola und Speiseessig.

a) Welchen pH-Bereich erwartest du für diese Flüssigkeiten? Begründe deine Antwort.

b) Erkläre anhand der Molekülstruktur, warum es sich bei der in Sprudelwasser vorkommenden Kohlensäure H_2CO_3 um eine Säure handelt.

Aufgabe 2

Die pH-Skala wird genutzt, um den pH-Wert von wässrigen Lösungen einzuordnen.

a) Zeichne eine pH-Skala auf und beschrifte diese mit pH-Bereichen.

b) Ordne folgende Haushaltsmittel grob auf der Skala ein. Tipp: der Geschmack kann weiterhelfen.
Wasser, Cola, Zitronensaft, Sprudelwasser, Speiseessig und Natriumhydroxid-haltiger Rohrreiniger

Aufgabe 3

Wird Lithiummetall in Wasser mit Phenolphtalein gegeben, ist zu beobachten, dass das Lithiummetall sich auf der Oberfläche des Wassers unter Bildung eines Gases bewegt. Die Lösung färbt sich Pink.

a) Stelle eine Reaktionsgleichung auf.

b) Berechne die Konzentration der entstehenden Lösung, wenn 10 g Lithium in 1200 ml Wasser gegeben wird.

c) Ähnliche Beobachtungen würde man auch bei der Reaktion mit Calcium machen. Die Unterschiede wären, dass das Calcium auf den Boden des Gefäßes sinkt und sich die Lösung nach langem Stehen trübt. Erkläre diese Unterschiede.

Aufgabe 4

Sogar destilliertes Wasser ist minimal elektrisch leitfähig.

a) Nenne und schreibe eine Summenformel zu allen Teilchen, die in destilliertem Wasser vorkommen.

b) Wird Chlorgas ins Wasser geleitet, so entsteht eine salzsaure Lösung, welche unter anderem Hypochlorigesäure (HClO) enthält. Welche Teilchen sind nun im Wasser zu finden? Welche kommen in größerer Menge vor als vorher?

Aufgabe 5

Warum ist es so wichtig, dass wenn der Fall eintreten sollte, dass man eine Salzsäure in den Abfluss gießt, vorher und nachher mit viel Wasser die Leitung durchzuspülen? Gehen Sie dabei auf mögliche Reaktionen mit Natriumcyanid und Natriumfluorid ein.

Säure	pKs
HCl	-7
HF	+3,19
HCN	+9,21

Viel Erfolg!

Lösung Klassen-
arbeit 2.2

Lösung Klassenarbeit 2.2

Aufgabe 1 (Säuren und Basen)

Folgende Flüssigkeiten werden auf ihren pH-Wert geprüft: Sprudelwasser, Cola und Speiseessig.

a) Welchen pH-Bereich erwartest du für diese Flüssigkeiten? Begründe deine Antwort.

> **Tipps und Hinweise**
> Alle diese Flüssigkeiten aus dem Alltag schmecken sauer. In Sprudelwasser ist Kohlensäure, in Cola Kohlensäure und Phosphorsäure und in Speiseessig ist Ethansäure enthalten. Lösungen, die eine Säure beinhalten, haben eine pH-Wert von unter 7 bis zu einem Mindestwert von 0.

Da alle Lösungen eine Säure beinhalten, ist ein saurer pH-Bereich zu erwarten. Der pH-Wert muss unter 7 liegen.

b) Erkläre anhand der Molekülstruktur warum es sich bei der in Sprudelwasser vorkommenden Kohlensäure H_2CO_3 um eine Säure handelt.

> **Tipps und Hinweise**
> Säuren sind per Definition Protonendonatoren. Das heißt, dass sie H^+-Ionen abspalten. Dazu muss es H-Atome in der Struktur geben, die stark polar gebunden sind. Eine polare Bindung ist eine Bindung, bei der die Elektronegativitätsdifferenz über 0,5 liegt. Die Elektronegativität jedes Elements steht im Periodensystem. Um den Elektronenzug am Wasserstoffatom weiter zu verstärken, müssen viele Elemente mit einer hohen Elektronegativität nahe an der polaren Bindung zum Wasserstoffatom sein.

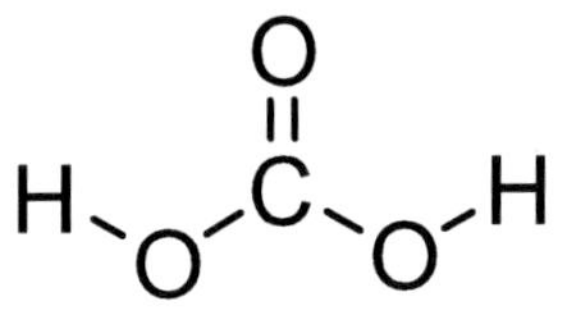

Das Wasserstoffatom ist polar an ein Sauerstoffatom gebunden. In der Nähe dieser Bindung befinden sich weiteres Sauerstoffatom, welches die Bindung zusätzlich polarisiert. Das entstehende Hydrogencarbonat-Ion ist gleichzeitig über das weitere Sauerstoffatom Mesomerie stabilisiert.

Aufgabe 2 (pH-Skala)

Die pH-Skala wird genutzt, um den pH-Wert von wässrigen Lösungen einzuordnen.

> **Tipps und Hinweise**
> Die pH-Skala umfasst den pH-Bereich von 0 bis 14. pH-Werte können auch außerhalb der Werte liegen aber nur, wenn es sich um konzentrierte Lösungen handelt.
> Die pH-Werte zwischen 0 (inklusive) und 7 zeigen einen sauren pH-Bereich und Wert zwischen 7 und 14 (inklusive) zeigen einen basischen oder alkalischen pH-Bereich an.

a) Zeichne eine pH-Skala auf und beschrifte diese mit pH-Bereichen

Lösung Klassen-arbeit 2.2

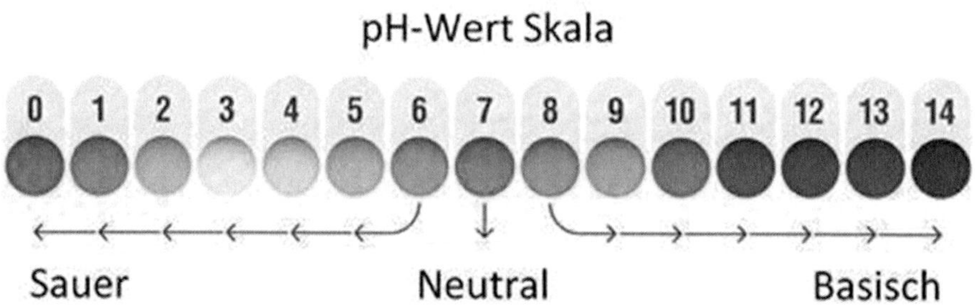

b) Ordne folgende Haushaltsmittel grob auf der Skala ein. Tipp: der Geschmack kann weiterhelfen.

Wasser: 7 Reines Wasser hat unter Standardbedingungen immer den pH-Wert = 7

Cola: 2 Aufgrund der enthaltenen Kohlen/Citronen- und Phosphorsäure stellt sich ein niedriger pH-Wert ein.

Zitronensaft: 2 Eine sehr konzentrierte Form der Citronensäure.

Sprudelwasser: 5-6 Aufgrund der enthaltenen Kohlensäure, die allerdings keine starke Säure ist, muss der pH-Wert etwas unter 7 sein.

Speiseessig: 3 Essigsäuregehalt von 20-25% sorgt für eine saure Lösung.

Natriumhydroxid-haltiger Rohrreiniger: 14 Natriumhydroxid ist die bekannteste starke Base.

Aufgabe 3 (Eigenschaften alkalischer Lösungen)

Wird Lithiummetall in Wasser mit Phenolphtalein gegeben, ist zu beobachten, dass das Lithiummetall sich auf der Oberfläche des Wassers unter Bildung eines Gases bewegt. Die Lösung färbt sich Pink.

Tipps und Hinweise

Alle Alkalimetalle und die Erdalkalimetalle Calcium, Strontium und Barium reagieren stark exotherm mit Wasser. Das heißt, dass viel Energie bei der Reaktion freigesetzt wird. Am stärksten reagiert Cäsium. Bei allen entstehen als Produkte Wasserstoffgas und eine alkalische Lösung.

$$2\,Alkali + 2\,H_2O \rightarrow 2\,Alkali^{+} + 2\,OH^{-} + H_2$$
$$Erdalkali + 2\,H_2O \rightarrow Erdalkali^{2+} + 2\,OH^{-} + H_2$$

a) Stelle eine Reaktionsgleichung auf.

$$\mathbf{2\,Li + 2\,H_2O \rightarrow 2\,Li^{+} + 2\,OH^{-} + H_2}$$

b) Berechne die Konzentration der entstehenden Lösung, wenn 10 g Lithium in 1200 ml Wasser gegeben wird.

Die Reaktionsgleichung aus a) beschreibt, dass pro Lithiumteilchen dieselbe Menge an Lithiumhydroxid entsteht. Daher muss erstmal berechnet werden wie viel Lithium in 10 g Lithiummetall vorhanden sind.

$$n = \frac{m}{M} = \frac{10g}{7\frac{g}{mol}} = 1{,}43\,mol$$

Da man durch das 1:1 Verhältnis direkt auf die Stoffmenge von Lithiumhydroxid schließen kann, muss nur noch das Volumen einbezogen werden, um eine Konzentration zu errechnen.

$$c = \frac{n}{V} = \frac{1{,}43\,mol}{1{,}2\,L} = 1{,}19\,mol/l$$

c) Ähnliche Beobachtungen würde man auch bei der Reaktion mit Calcium machen. Die Unterschiede wären, dass das Calcium auf den Boden des Gefäßes sinkt und sich die Lösung nach langem stehen trübt. Erkläre diese Unterschiede.

Da Calcium eine höhere Dichte als Wasser hat, sinkt es zu Boden. Es gibt tatsächlich nur zwei Metalle, die eine geringere Dichte als Wasser habe: Natrium und Lithium.
Die zweite unterschiedliche Beobachtung ist durch die Bildung von Calciumhydroxid zu erklären, dieses ist zwar leicht löslich, nach einiger Zeit reagiert es mit dem Kohlenstoffdioxid in der Luft und es bildet sich schwer lösliches Calciumcarbonat; auch bekannt als Kalk. Die Bildung schwerlöslicher Calciumcarbonat-Kristalle sorgt für die Beobachtung einer Trübung; eines Niederschlages.

$$Ca(OH)_2 + CO_2 \rightarrow CaCO_3 \downarrow + H_2O$$

Aufgabe 4 (Ionen in sauren Lösungen)

Sogar destilliertes Wasser ist minimal elektrisch leitfähig.
a) Nenne und schreibe eine Summenformel zu allen Teilchen, die in destilliertem Wasser vorkommen.

Tipps und Hinweise
Wasser ist ein Ampholyt. Das heißt, dass es sowohl als Säure, wie auch als Base reagieren kann. Bei Wasser und einigen anderen Verbindungen ist das Phänomen der Autoprotolyse zu beobachten. Es beschreibt, dass ein Molekül eines Stoffes mit einem anderen Molekül desselben Stoffes in einer Säure-Base-Reaktion reagiert. Das geschieht nur zu einem geringen Anteil.

In Wasser kommen folgende Teilchen vor: H_2O (Wasser) und zu einem geringen Teil die Produkte der Autoprotolyse: H_3O^+ (Oxoniumion) und OH^- (Hydroxidion).

b) Wird Chlorgas ins Wasser geleitet, so entsteht eine salzsaure Lösung, welche unter anderem Hypochlorigesäure (HClO) enthält. Welche Teilchen sind nun im Wasser zu finden? Welche kommen in größerer Menge vor als vorher?

Tipps und Hinweise
Säure geben bei einer Reaktion mit Wasser ihr Proton an das Wassermolekül ab. Übrig bleibt die korrespondierende Base der Säure; das Säureanion und ein Oxoniumion.

Wasser als Lösemittel ist in einer so großen Mengen vorhanden, dass die minimale Abnahme an Wassermolekülen durch die Reaktion mit der Säure vernachlässigt wird.
Wenn Chlorgas in Wasser Chlorwasserstoff und Hypochlorige Säure bildet, werden gemäß folgender Protolysegleichung:

$$HCl + H_2O \rightarrow H_3O^+ + Cl^-$$
$$HClO + H_2O \rightarrow H_3O^+ + ClO^-$$

Mehr Oxonium-Ionen und neu dazu Chlorid, sowie Hypochlorid-Ionen vorhanden sein.
Hydroxid-Ionen sind immer noch in Lösung zu finden aber in einer geringeren Konzentration.

Aufgabe 5 (Salze aus Säuren)

Warum ist es so wichtig, dass wenn der Fall eintreten sollte, dass man eine Salzsäure in den Abfluss gießt, vorher und nachher mit viel Wasser die Leitung durchzuspülen? Gehe dabei auf mögliche Reaktionen mit Natriumcyanid und Natriumfluorid ein.

Tipps und Hinweise

Es gilt der Spruch: „Die starke Säure verdrängt die schwache aus ihrem Salz."
Die Stärke einer Säure wird durch den pKs-Wert angegeben. Je kleiner dieser ist, desto stärker ist die Säure.

Tipps und Hinweise

Oft stehen die wichtigsten Verbindungen, Salze oder Säuren hinten im Chemiebuch. Hier eine kurze Übersicht dazu sowie einige wichtige Kationen und Anionen:

HCl	Wasserstoffchlorid = Salzsäure
$NaCl$	Natriumchlorid als Salz der Salzsäure
H_2O_2	Wasserstoffperoxid
SO_4^{2-}	Sulfat-Ion
SO_3^{2-}	Sulfit-Ion
NO_3^-	Nitrat-Ion
NH_4^+	Ammonium-Ion
CO_3^{2-}	Carbonat-Ion
PO_4^{3-}	Phosphat-Ion
CN^-	Cyanid-Ion
F^-	Fluorid-Ion

Zum Aufstellen der einzelnen Verbindungsformeln verwende die Kreuzregel.

So sind Natriumcyanid und Natriumfluorid die Salze der Blausäure (HCN) und der Flusssäure (HF). Diese Säuren entstehen, wenn Salzsäure als stärkere Säure auf die Salze gegeben wird. Sowohl Blausäure, als auch Flusssäure sind hochgiftig und können schnell zum Tot führen, deswegen ist es wichtig, dass die Salze zunächst durch viel Wasser weggespült werden, die Säure durch das viele Wasser stark verdünnt wird und dass es zu keiner starken Erhitzung kommt. Das verhindert Wasser in großen Mengen durch eine hohe Wärmekapazität.

2. Klassenarbeit aus der Chemie

Aufgabe 1

Eine Gruppe von Schülern aus dem Chemiekurs untersucht die Wasserqualität des Schulteichs. Das Wasser aus dem Schulteich ist leider durch die aktuellen Baumaßnahmen durch folgende Salze verunreinigt worden: ***Natriumphosphat, Calziumnitrat, Ammoniumchlorid***

a) Formuliere die Reaktionsgleichungen zur Herstellung dieser Salze durch Neutralisation mit geeigneten Säuren und Basen.

b) Berechne in Abhängigkeit des Teichvolumens die Masse von Ammoniumchlorid ($M = 53{,}49$ g/mol), die in das Teichwasser geraten sein muss, wenn in 500 ml Wasser eine Stoffmengenkonzentration von $c = 1{,}50$ mol/l gefunden wurde (alle Berechnungen mit allgemeinem Ansatz und Einheiten).

Aufgabe 2

Zusätzlich zeigt der Indikator Methylrot bei einer entnommenen Wasserprobe gerade einen Farbumschlag von gelb nach orange an:

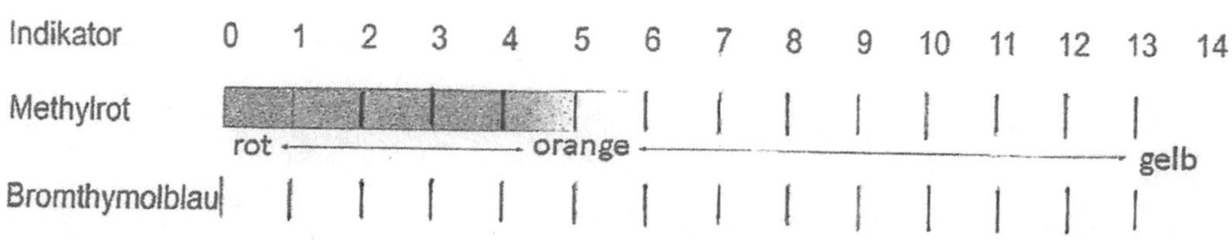

a) Ergänze in der oberen pH-Skala die Indikatorfarben von Bromthymolblau und kennzeichne seinen exakten Umschlagpunkt.

b) Ermittle aus dem Diagramm den pH-Wert des Teichwassers und erläutere, ob sich der Indikator Bromthymolblau in diesem Fall auch zur Bestimmung des exakten pH-Wertes eignet.

Aufgabe 3

Gegeben sind die folgenden Substanzen: CO_3^{2-}, HBr und HSO_4^-. Bei der Reaktion mit Wasser verhalten sich diese Teilchen sehr unterschiedlich.

a) Definiere die Begriffe „Brönsted-Säure" und „Brönsted-Base".

b) Formuliere die Reaktion der oben genannten Verbindungen mit Wasser und begründe, ob es sich bei den Teilchen um eine Säure, Base oder um einen Ampholyten handelt.

c) Benenne alle in den Reaktionsgleichungen auftretenden Teilchen.

Aufgabe 4

Schwefelsäure ist eine ölige, farblose, wasserentziehende Flüssigkeit, die sich technisch mit Hilfe des Kontaktverfahrens aus den Elementen herstellen lässt.

a) Erkläre mit Hilfe von Reaktionsgleichungen die wesentlichen Syntheseschritte von Schwefelsäure nach dem Kontaktverfahren.

b) Erläutere drei Reaktionsbedingungen, die beim Kontaktverfahren eine möglichst hohe Ausbeute von Schwefelsäure gewährleisten.

c) Zeichne die räumlich korrekten Lewis-Formeln von Schwefel(IV)-oxid, Schwefeltrioxid und dem Sulfat-Ion (Schwefelatome können in manchen Fällen das Oktett überschreiten).

bitte wenden!

Aufgabe 5 (Grundwissen)

Folgende Reaktionsgleichungen sollen vervollständigt werden:

a) $FeS_2 + O_2 \rightarrow Fe_2O_3 + SO_2$

a) $NO_2 + CO \rightarrow N_2 + CO_2$ (eine Reaktion im Abgaskatalysator eines Autos)

a) $NH_3 + NO \rightarrow N_2 + H_2O$

Viel Erfolg!

Lösung Klassenarbeit 2.3

Lösung Klassenarbeit 2.3

Zur Klassenarbeit allgemein

Diese Klassenarbeit widmet sich dem Begriff der Säuren und Basen sowie dem Nachweis durch Indikatoren. Reaktionsgleichungen müssen ausgeglichen werden können.

Zu Aufgabe 1

In Aufgabe 1 wird das Aufstellen von Säure-Base-Reaktionen verlangt, die zu verschiedenen gegebenen Salzen führen. Anschließend soll aus einer Stoffmengenkonzentration die Masse berechnet werden.

Zu Aufgabe 2

Hier sollen ein Indikator registriert und Ergebnisse mithilfe eines Indikators bewertet werden. Dies ist eine sehr kurze Aufgabe, der Aufwand spiegelt sich in den nur vier Bewertungseinheiten wider. Die Aufgabe durch Anwenden des erlernten Unterrichtsstoffes kann damit leicht gelöst werden. Allerdings muss man den Umschlagpunkt des pH-Indikators Bromthymolblau auswendig wissen.

Zu Aufgabe 3

Aufgabe 3 verlangt zunächst die allgemeine Definition für Brönstedt-Säuren und -Basen. Anschließend sollen Reaktionsgleichungen von Säuren und Basen mit Wasser aufgestellt und die jeweilig beteiligten Teilchen benannt und hinsichtlich ihrer Funktion in der Reaktion bewertet werden.

Zu Aufgabe 4

In Aufgabe 4 wird Hintergrundwissen zur großtechnischen Herstellung von Schwefelsäure verlangt. Anschließend soll das Prinzip von LeChatelier zur Ausbeute-Erhöhung angewendet werden und die Strukturformeln der beteiligten Moleküle, dem Sulfat-Ion und dem Schwefeltrioxid sowie dem Schwfeldioxid aufgestellt werden

Zu Aufgabe 5

Hier sollen Reaktionsgleichungen ausgeglichen werden. Es wird ausschließlich das Grundwissen abgefragt.

Fazit

Diese Klassenarbeit vertieft den Begriff von Säuren und Basen. Gerade die Definition von Brönstedt sowie das Aufstellen von Neutralisationsgleichungen ist ab diesem Zeitpunkt Grundwissen.

Lösung Klassen-arbeit 2.3

Aufgabe 1

Eine Gruppe von Schülern aus dem Chemiekurs untersucht die Wasserqualität des Schulteichs. Das Wasser aus dem Schulteich ist leider durch die aktuellen Baumaßnahmen durch folgende Salze verunreinigt worden: ***Natriumphosphat, Calziumnitrat, Ammoniumchlorid***

a) Formuliere die Reaktionsgleichungen zur Herstellung dieser Salze durch Neutralisation mit geeigneten Säuren und Basen.

Tipps und Hinweise
Salze entstehen aus der Neutralisation von Säuren und Basen, wobei die Reaktionspartner jeweils die Bestandteile des Salzes enthalten müssen.

Natriumphosphat kann aus Natronlauge und Phosphorsäure gebildet werden.
Natronlauge + Phosphorsäure → Natriumphosphat + Wasser
$3\ NaOH + H_3PO_4 \rightarrow Na_3PO_4 + 3\ H_2O$
Calciumnitrat wird bei der Neutralisation von Salpetersäure und Calciumhydroxid gebildet.
Salpetersäure + Calciumhydroxid → Calciumnitrat + Wasser
$2\ HNO_3 + Ca(OH)_2 \rightarrow Ca(NO_3)_2 + 2\ H_2O$
Ammoniumchlorid entsteht bei der Reaktion von Ammoniak mit Salzsäure (Reaktion in Lösung)
Ammoniak + Salzsäure → Amoniumchlorid
$NH_3 + HCl \rightarrow NH_4Cl$

b) Berechne in Abhängigkeit des Teichvolumens die Masse von Ammoniumchlorid (M = 53,49 g/mol), die in das Teichwasser geraten sein muss, wenn in 500 ml Wasser eine Stoffmengenkonzentration von c = 1,50 mol/l gefunden wurde (alle Berechnungen mit allgemeinem Ansatz und Einheiten).
Achtung! Diese Aufgabe enthält das Teichvolumen als Parameter.

Tipps und Hinweise
Die Stoffmengenkonzentration gibt die Stoffmenge n pro Volumen V Wasser. Die Konzentration ist daher c = n/V

In V= 500ml wurde eine Konzentration von c = 1,5 mol/l gemessen.
Daher wird zunächst die in der Probe enthaltene Stoffmenge bestimmt:
n(Probe) = c * V=0,5l * 1,5 mol/l= 0,75 mol
Die Masse des in der Probe enthaltenen Salzes erhält man mittels der molaren Masse, die gegeben ist: M= 53,49 g/mol
Es gilt: m(Probe) = n(Probe) * M(Salz)= 0,75 mol* 53,49 g/mol)=40,1175 g
Gefragt ist allerdings die Masse des Salzes, die in den gesamten Teich gelangt ist.
Dies kann man nur berechnen, wenn die Wassermenge im Teich bekannt ist:
M(Teich)/m(Probe)= V(Teich)/V(Probe)
Also M(Teich)= m(Probe) * V(Teich)/V(Probe).
Das Teichvolumen ist nicht angegeben. Bei einem Teichvolumen von 1500 l wäre die Salzmasse beispielsweise M(Teich)= 40,1175*150l / 0,5l=12,035 kg.

Lösung Klassenarbeit 2.3

Aufgabe 2

Zusätzlich zeigt der Indikator Methylrot bei einer entnommenen Wasserprobe gerade einen Farbumschlag von gelb nach orange an:

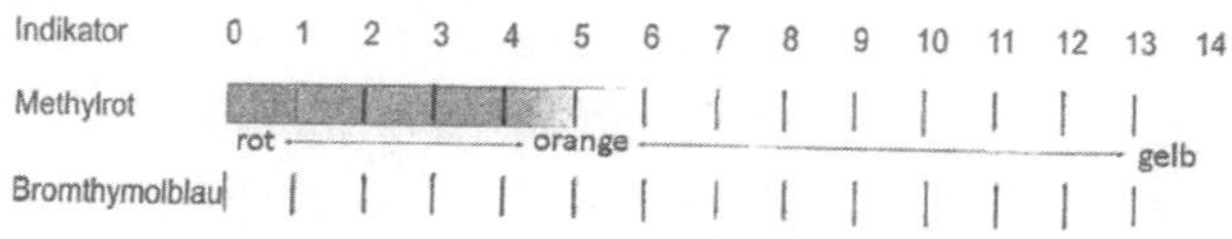

a) Ergänze in der oberen pH-Skala die Indikatorfarben von Bromthymolblau und kennzeichne seinen exakten Umschlagpunkt.

Lösung

Bromthymolblau hat folgende Skala

gelb → grün → blau

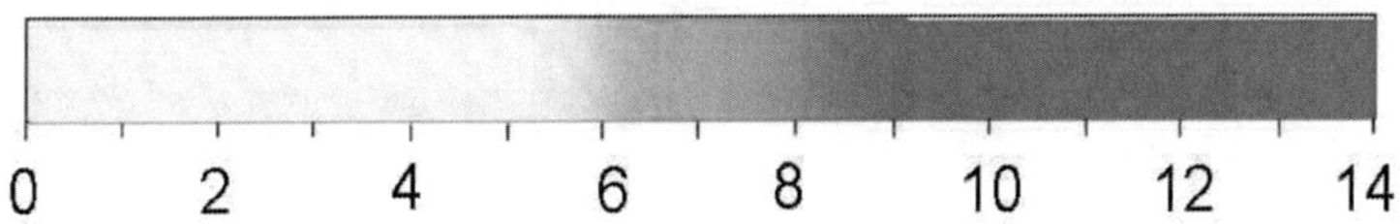

Bromthymolblau schlägt bei pH 6,0-7,8 von gelb nach blau um.

b) Ermittle aus dem Diagramm den pH-Wert des Teichwassers und erläutere, ob sich der Indikator Bromthymolblau in diesem Fall auch zur Bestimmung des exakten pH-Wertes eignet.

Aus der Angabe entnimmt man, dass die Wasserprobe genau den Umschlagpunkt von Methylrot anzeigt. Dieser liegt zwischen pH 4,5 und 5.

Bromthymolblau eignet sich hier nicht wirklich als Indikator, da es im pH-Wert zwischen 0 und 4,5 gelb ist und somit nicht zwischen einzelnen Skalen unterscheidet. Lediglich zwischen sauer (pH 0-7) und alkalisch (pH 7-14) kann grob unterschieden werden.

Aufgabe 3

Gegeben sind die folgenden Substanzen: CO_3^{2-}, HBr und HSO_4^-. Bei der Reaktion mit Wasser verhalten sich diese Teilchen sehr unterschiedlich.

a) Definiere die Begriffe „Brönsted-Säure" und „Brönsted-Base".

b) Formuliere die Reaktion der oben genannten Verbindungen mit Wasser und begründe, ob es sich bei den Teilchen um eine Säure, Base oder um einen Ampholyten handelt.

c) Benenne alle in den Reaktionsgleichungen auftretenden Teilchen.

a) Eine Brönstedt-Säure ist definiert als Protonendonator, d.h. eine Säure gibt Protonen an ihre Umgebung ab. Dabei entsteht aus der Säure die zugehörige (konjugierte) Base. Eine Brönstedt-Base ist definiert als Protonenakzeptor und sind Stoffe, die Protonen aufnehmen können. Dabei entsteht aus der Base die zugehörige (konjugierte) Säure.

b)+ c) Beide Teilaufgaben in einer:

$Co_3^{2-} + H_2O \rightarrow HCO_3^- + OH^-$

Das Carbonat-Ion reagiert hier als Base zu ihrer korrespondierenden Säure Hydrogen-carbonat.

Das Wasser, ein Ampholyt, nimmt hier die Rolle der Säure ein, die zu ihrer korrespondierenden Base Hydroxid reagiert.

$HBr + H_2O \rightarrow Br^- + H_3O^+$

Das Wasserstoffbromid ist die Säure, die zu ihrer korrespondierenden Base, dem Bromid

reagiert.
Das Wasser, ein Ampholyt, reagiert als Base zu ihrer korrespondierenden Säure, dem Oxonium.

$HSO_4^- + H_2O \rightarrow SO_4^{2-} + H_3O^+$

Das Hydrogensulfat reagiert als Säure zu ihrer korrespondierenden Base, dem Sulfat-Ion.
Das Wasser, ein Ampholyt, reagiert als Base zu ihrer korrespondierenden Säure, dem Oxonium.

Aufgabe 4

Schwefelsäure ist eine ölige, farblose, wasserentziehende Flüssigkeit, die sich technisch mit Hilfe des Kontaktverfahrens aus den Elementen herstellen lässt.

a) Erkläre mit Hilfe von Reaktionsgleichungen die wesentlichen Syntheseschritte von Schwefelsäure nach dem Kontaktverfahren.

b) Erläutere drei Reaktionsbedingungen, die beim Kontaktverfahren eine möglichst hohe Ausbeute von Schwefelsäure gewährleisten.

c) Zeichne die räumlich korrekten Lewis-Formeln von Schwefel(IV)-oxid, Schwefeltrioxid und dem Sulfat-Ion (Schwefelatome können in manchen Fällen das Oktett überschreiten).

Tipps und Hinweise

- Die Schwefelsäure ist in der chemischen Industrie ein bedeutender Rohstoff zur Herstellung von Stoffen wie Sulfate, Düngemittel oder Waschmittel. Das Kontaktverfahren zur Gewinnung von Schwefelsäure wurde durch die deutschen Chemiker Clemens Winkler (1838-1904) und Rudolf Knietsch (1854-1906) entwickelt.
- Als Ausgangsprodukt eignet sich flüssiger Schwefel, der aus der Aufbereitung von Erdgas stammt und eine Temperatur von etwa 135 °C besitzt.
- Im Kontaktverfahren wird großtechnisch Schwefelsäure mittels eines Katalysators hergestellt, z.B. Vanafiumpentoxid oder Siliciumdioxid.

a)

- Zunächst wird Schwefel verbrannt, dazu muss trockene Luft verwendet werden, um nicht in diesem Schritt schon versehentlich in kleinen Mengen Schwefelsäure herzustellen.
  $S_8(l) + O_2(g) \rightarrow SO_2(g)$ $\Delta H = -297{,}03\ kJ/mol$
- Anschließend wird das entstandene Schwefeldioxid mit Luft mittels eines Katalysators zu Schwefeltrioxid umgesetzt. Dies ist eine Gleichgewichtsreaktion.
  $2\ SO_2(g) + O_2(g) \leftrightarrow 2\ SO_3(g)$ $\Delta H = -197{,}96\ kJ/mol$
- Dann lässt man das enthaltene Schwefeltrioxid mit Wasser zu Schwefelsäure reagieren.
  $SO_3(g) + H_2O(l) \rightarrow H_2SO_4(l)$ $\Delta H = -176{,}6\ kJ/mol$
- Dabei entsteht als Nebenprodukt Dischwefelsäure, auch rauchende Schwefelsäure.
  $SO_3(g) + H_2SO_4(l) \rightarrow H_2S_2O_7(l)$
- Diese kann man anschließend mit Wasser versetzen, um erneut Schwefelsäure zu erhalten.
  $H_2S_2O_7(l) + H_2O(l) \rightarrow 2\ H_2SO_4(l)$

b)

Tipps und Hinweise

Um eine möglichst hohe Ausbeute zu erhalten, sollte man

- die entstehende rauchende Schwefelsäure am Schluss zu Schwefelsäure reagieren lassen.
- das Prinzip von LeChatelier ausnutzen, das Prinzip des kleinsten Zwanges. Das Gleichgewicht in einer Gleichgewichtsreaktion verschiebt sich immer in Richtung des kleinsten Zwanges.
- Zwänge sind dabei Änderungen von Temperatur, Druck oder Stoffkonzentration.

Lösung Klassen-arbeit 2.3

- Temperaturerhöhung hemmt die wärmeliefernde Reaktion, Temperaturerniedrigung beschleunigt diese.
- Druckerhöhung hemmt die Volumen-liefernde Reaktion und umgekehrt.
- Ändert man die Stoffkonzentration, indem man beispielsweise einen Stoff entfernt, so wird die Reaktion gefördert, die diesen Stoff produziert.

Hier haben wir nur eine Gleichgewichtsreaktion: Die Produktion von Schwefeltrioxid. Da aus 3 mol Gas 2 mol Gas entstehen, kann eine Druckerhöhung sinnvoll sein. Weil diese Reaktion eine negative Reaktionsenthalphie ΔH hat, ist sie exotherm, daher könnte eine Temperatur-senkung die Ausbeute erhöhen. Am wirksamsten ist aber die kontinuierliche Abführung des gewünschten Reaktionsprodukts Schwefeltrioxid als Konzentrationsänderung.

d)

Schwefel(IV)-oxid ist Schwefeldioxid	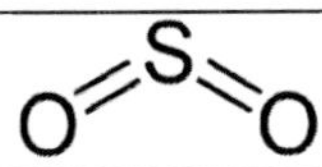
Schwefeltrioxid	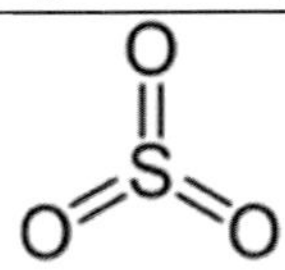
Sulfat-Ion SO_4^{2-}	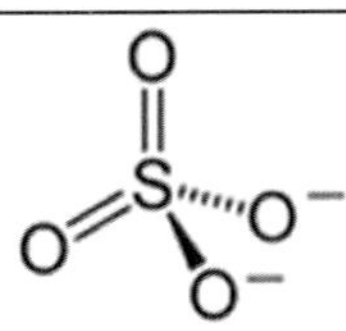

Aufgabe 5

Folgende Reaktionsgleichungen sollen vervollständigt werden:

a) $FeS_2 + O_2 \rightarrow Fe_2O_3 + SO_2$

b) $NO_2 + CO \rightarrow N_2 + CO_2$ *(eine Reaktion im Abgaskatalysator des Autos)*

c) $NH_3 + NO \rightarrow N_2 + H_2O$

a) $FeS_2 + O_2 \rightarrow Fe_2O_3 + SO_2$

Ausgleichen des Eisens: Faktor 2 vor das Eisensulfid

Ausgleichen des Schwefels: Faktor 4 vor das Schwefeldioxid

Ausgleichen des Sauerstoffs: Faktor 11/2 vor das O_2

→ Multiplizieren der Gleichung mit dem Faktor 2

$4\ FeS_2 + 11\ O_2 \rightarrow 2\ Fe_2O_3 + 8\ SO_2$

b) $NO_2 + CO \rightarrow N_2 + CO_2$

Ausgleichen des Stickstoffs: Faktor 2 vor das NO_2

Ausgleichen Sauerstoff: Rechts 4 mehr: Faktor 4 vor das CO und das CO_2

$2\ NO_2 + 4\ CO \rightarrow N_2 + 4\ CO_2$

c) $NH_3 + NO \rightarrow N_2 + H_2O$

Setze Variablen:

$a\ NH_3 + b\ NO \rightarrow c\ N_2 + d\ H_2O$

Wegen Sauerstoff gilt: b=d

Lösung Klassen-arbeit 2.3

Wegen Stickstoff gilt: a+b= 2c
Wegen Wasserstoff gilt: 3a=2d

Lösen des Gleichungssystems:
b=d, also 3a=2b, also b=3/2a
a+b=2c, also a+3/2a=2c, also 5/2a=2c bzw.
5a=4c

Setze a=4 für ganze Zahlen, nimmt man etwas anderes, muss man nochmal durchmultiplizieren.
Dann gilt 5*4=4*c, also c=5
b=d=3/2*4=6

Also:
$4\ NH_3 + 6\ NO \rightarrow 5\ N_2 + 6\ H_2O$

2. Klassenarbeit aus der Chemie

Aufgabe 1

Der Benzinverbrauch eines PKW beträgt 8 l pro 100 km.

a) Wie viel Kilogramm und wie viel Liter Kohlenstoffdioxid (bei Normbedingungen) entstehen bei einer Fahrt von 600 km (Berlin – München)? Die Dichte von Normalbenzin ist 0,70 g/cm³.
Die Verbrennung von Benzin verläuft nach der vereinfachten Gleichung:
$2\ C_8H_{18} + 25\ O_2 \rightarrow 16\ CO_2 + 18\ H_2O$

b) Wie viel m³ Luft werden bei der Benzinverbrennung auf dieser Fahrt benötigt?

Aufgabe 2

a) Beschreibe kurz die in Schülerübungsversuchen angewandten zwei Möglichkeiten geschwärztes Kupferblech (CuO) auf chemischem Wege wieder blank zu bekommen.

b) Formuliere die Reaktionsgleichungen dazu und ordne diesen die Begriffe Oxidation, Reduktion, Oxidationsmittel (OM) und Reduktionsmittel (RM) zu und benenne den gesamten Reaktionstyp.

Aufgabe 3

Bei einer Säure-Base-Titration wird folgende Titrationskurve erstellt. Dabei wird der pH-Wert der Probelösung in Abhängigkeit von der zugesetzten Maßlösung ermittelt.

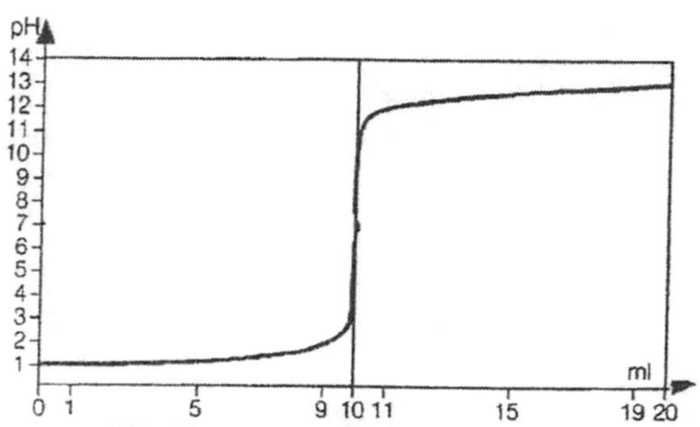

Abb1. pH-Wert der Probelösung während der Titration

a) Begründe unter Einbeziehung des Diagramms, ob es sich bei der Probelösung um eine Säure oder eine Base handelt.

b) Gib zusätzlich die Indikatorfärbung für Lackmus zu Beginn (0 ml) und zum Ende der Titration (20 ml) an.

c) Berechne die Stoffmengenkonzentration der Probelösung für den Fall, dass 20 ml Salzsäure mit Kalilauge als Maßlösung c(KOH) = 0,1 mol/l titriert und dabei 15,8 ml Lauge bis zum Indikatorumschlag verbraucht werden (alle Berechnungen mit Ansatz und Einheiten).

Aufgabe 4

Zu Wasser wird im ersten Versuchsansatz Salpetersäure, im zweiten Ammoniak gegeben. Formuliere die Stoffgleichungen für die beiden Reaktionen und kennzeichne jeweils die korrespondierenden Säure-Base-Paare. Erläutere, welches besondere Verhalten des Wassers sich aus den beiden Versuchen ableiten lässt.

bitte wenden!

Aufgabe 5

Überprüfe die folgenden Behauptungen und gib an, ob diese richtig oder falsch sind. Streiche gegebenenfalls falsche Sachverhalte durch und stelle sie richtig.

a) Allen sauren Lösungen gemeinsam ist der Besitz von Hydroxid-Ionen.

b) Bei der Neutralisation findet ein Protonenübergang statt. Es handelt sich somit um eine Säure-Base-Reaktion.

c) Wenn eine Substanz als Säure wirkt, dann müssen die Bindungen dieser Moleküle homolytisch gespalten werden.

d) Zu jeder Säure gehört eine korrespondierende Base; letztere ist um eine positive Elementarladung reicher als die zugehörige Säure.

Viel Erfolg!

Lösung Klassenarbeit 2.4

Lösung Klassenarbeit 2.4

Aufgabe 1

Der Benzinverbrauch eines PKW beträgt 8 l pro 100 km.

a) Wie viel Kilogramm und wie viel Liter Kohlenstoffdioxid (bei Normbedingungen) entstehen bei einer Fahrt von 600 km (Berlin – München)?

Die Dichte von Normalbenzin ist 0,70 g/cm³.

Die Verbrennung von Benzin verläuft nach der vereinfachten Gleichung:

$2\ C_8H_{18} + 25\ O_2 \rightarrow 16\ CO_2 + 18\ H_2O$

b) Wie viel m³ Luft werden bei der Benzinverbrennung auf dieser Fahrt benötigt?

Gegeben: Reaktionsgleichung $2\ C_8H_{18} + 25\ O_2 \rightarrow 16\ CO_2 + 18\ H_2O$
Benzinverbrauch μ= 8 l/100km
Dichte von Benzin: ρ=0,7 g/cm³
Strecke s=600 km

Gesucht: $M(CO_2)$, $V(CO_2)$ bei Normbedingungen.

Zunächst berechnen wir die Menge des verbrauchten Benzins:

V(Benzin) = μ* s= 8 l/(100km)* 600 km= 48 l

Das entspricht mit der Dichte einer Masse von:

m(Benzin)=ρ(Benzin) * V(Benzin=0,7 g/cm³ * 48 l= 0,7*48*1000 g=33,6 kg

(Ein Liter ist ein Kubik-Dezimeter also (10cm)³= 1000cm³)

Mit der molaren Masse kann man dann die Stoffmenge des Benzins bestimmen:

M(Benzin) = 8*M(C)+ 18*M(H)= (8*12+18*1) g/mol= 38 g/mol

n(Benzin) = m(Benzin) / M(Benzin) = 33,6*1000 g/(38 g/mol)=884,21 mol

Tipps und Hinweise

[Achtung! Hier auf keinen Fall mit dem Normvolumen anfangen zu rechnen, da das Benzin im Motor sehr heiß verbrannt wird und unter starkem Druck steht. Außerdem ist es kein ideales Gas! Das wären dann n=48/22,4 mol=2,14 mol, das ist völlig falsch!]

Aus der Reaktionsgleichung entnimmt man, dass aus 2 mol Benzin 16 mol Kohlenstoffdioxid entstehen, also das 8-fache.

Daher gilt:

$n(CO_2)$ =8* 884,21 mol=7073,68 mol

Die Masse des Kohlenstoffdioxids enthält man dann erneut über die molare Masse

$M(CO_2)$= M(C)+ 2 M(O)= (12+2*16)g/mol =44 g/mol

$m(CO_2)$= $n(CO_2)$ * $M(CO_2)$= 7073,68 mol* 44 g/mol=311,24 kg

Das Volumen des Kohlenstoffdioxids bei Normbedingungen erhält man über das Normvolumen

$V(CO_2)$= $n(CO_2)$*V_m= 7073,68 mol* 22,4 l/mol)= $1{,}58*10^5$ l

b) Wie viel m³ Luft werden bei der Benzinverbrennung auf dieser Fahrt benötigt?

Aus der Reaktionsgleichung entnehmen wir, dass für 2 mol Benzin, das verbrannt wird, 25 mol Sauerstoff gebraucht werden, also das 12,5 fache. Also gilt:

$n(O_2)$= 12,5* n(Benzin)=12,5*884,21 mol=11,053 kmol

Berechne erneut mit dem Normvolumen:

$V(O_2)$= $n(O_2)$ * V_m= 22,4 l/mol*11,053 kmol=0,2475 *10^6l

Umgerechnet in m³ ergibt das, weil 1 l = 1 dm³= (0,1 m)³= 1/1000 m³

0,2475*10^3 m³ oder 247,5 m³

Aufgabe 2

a) Beschreibe kurz die in Schülerübungsversuchen angewandten zwei Möglichkeiten geschwärztes Kupferblech (CuO) auf chemischem Wege wieder blank zu bekommen.

b) Formuliere die Reaktionsgleichungen dazu und ordne diesen die Begriffe Oxidation, Reduktion, Oxidationsmittel (OM) und Reduktionsmittel (RM) zu und benenne den gesamten Reaktionstyp.

Lösung (beide Aufgabenteile zusammen)

Um ein geschwärztes Kupferblech wieder blank zu bekommen, muss das Kupfer(II)-oxid CuO entfernt bzw. zu Kupfer(I)-oxid Cu_2O(rot) reduziert werden.
Eine Möglichkeit ist das Entfernen der Kupferoxidschicht mit Essig, da die Essigsäure das Kupferoxid auflöst:

$$CuO + 2\ CH_3\text{-}COOH \rightarrow (CH_3\text{-}COO)_2\ Cu + H_2O$$

Oder aber erhitzen mit über 800°C und dadurch reduzieren.

$$4\ CuO \rightarrow 2\ Cu_2O + O_2$$

Dabei wird das Kupfer(II)-oxid zu Kupfer(I)-oxid reduziert und ist daher das Oxidationsmittel.

$$Cu^{2+} + e^- \rightarrow Cu^+$$

Die Reaktion ist also eine Redoxreaktion.

Aufgabe 3

Bei einer Säure-Base-Titration wird folgende Titrationskurve erstellt. Dabei wird der pH-Wert der Probelösung in Abhängigkeit von der zugesetzten Maßlösung ermittelt.

a) Begründe unter Einbeziehung des Diagramms, ob es sich bei der Probelösung um eine Säure oder eine Base handelt.

b) Gib zusätzlich die Indikatorfärbung für Lackmus zu Beginn (0 ml) und zum Ende der Titration (20 ml) an.

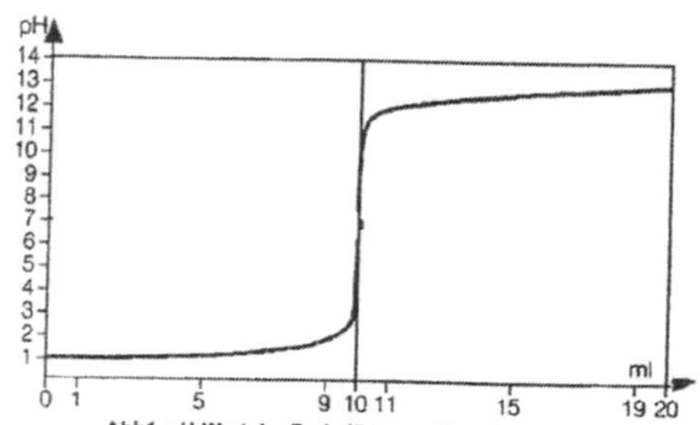

Abb1. pH-Wert der Probelösung während der Titration

c) Berechne die Stoffmengenkonzentration der Probelösung für den Fall, dass 20 ml Salzsäure mit Kalilauge als Maßlösung c(KOH) = 0,1 mol/l titriert und dabei 15,8 ml Lauge bis zum Indikatorumschlag verbraucht werden (alle Berechnungen mit Ansatz und Einheiten).

Lösung

Tipps und Hinweise

- In der Chemie wird die Titration als quantitative Methode verwendet, um die Konzentration von Säuren oder Base und anderer Stoffe zu bestimmen.
- Dies wird dadurch erreicht, indem man beispielsweise zu einer Säure, deren Konzentration unbekannt ist, so viel Base mit bekannter Konzentration hinzugibt, bis die Lösung neutral ist.
- Bei einer Titration wird einer Probelösung, die entweder Säure oder Base ist, eine Maßlösung, die entsprechend entweder Base oder Säure ist, zugesetzt.
- Der pH-Wert wird durch die zugesetzte Lösung verschoben.
- Um den Neutralpunkt sehen zu können, gibt man noch einen Farbstoff hinzu, der seine Farbe bei dem Übergang von sauer zu basisch ändert (einen Farbindikator).

Lösung Klassen-arbeit 2.4

- Viele natürlich vorkommenden Pflanzenfarbstoffe ändern ihre Farbe, wenn sich der pH-Wert ändert. Rote Rosen werden beispielsweise zu blauen Rosen, wenn man sie in eine Lauge tunkt. Auch Lackmus ist so ein Farbstoff aus Pflanzen (Flechten).
- In modernen Forschungslaboratorien verwendet man statt Farbindikatoren die viel praktischeren pH-Elektroden. Sie sehen ungefähr aus wie ein Bleistift aus Glas und werden einfach in die Lösung gesteckt und zeigen auf einer Skala (meistens LCD) direkt den exakten pH-Wert an.

Da sich hier der pH-Wert am Umschlagpunkt von etwa 1 (sauer zu etwa 13 alkalisch) ändert, ist die Probelösung eine Säure und die Maßlösung eine Base.

b) Gib zusätzlich die Indikatorfärbung für Lackmus zu Beginn (0 ml) und zum Ende der Titration (20 ml) an.

Hier betrachtet man einfach den Verlauf des pH-Werts:
Er beginnt bei etwa 1 und steigt langsam zu bis zu 3 an.
Dann springt er zu 12 und steigt langsam weiter bis etwa 13 an.
Das bedeutet mit der Farbskala von Lackmus, dass die Färbung zunächst rot ist und anschließend zu blau umspringt.

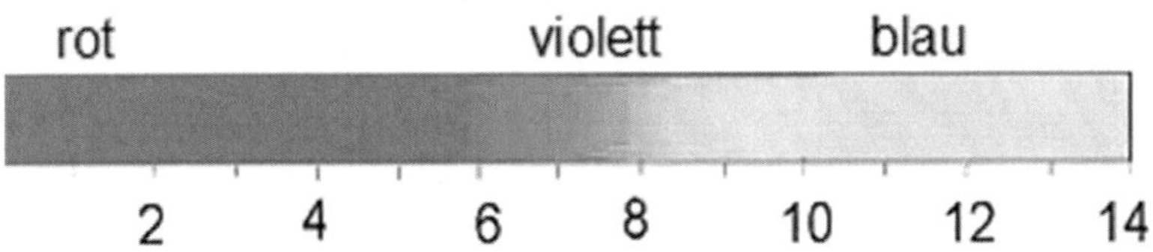

c) Berechne die Stoffmengenkonzentration der Probelösung für den Fall, dass 20 ml Salzsäure mit Kalilauge als Maßlösung c(KOH) = 0,1 mol/l titriert und dabei 15,8 ml Lauge bis zum Indikatorumschlag verbraucht werden (alle Berechnungen mit Ansatz und Einheiten).

Die Maßlösung ist Kalilauge mit der Konzentration von 0,1 mol/l. Es werden 15,8 ml Lauge bis zum Umschlagpunkt verbraucht. Die Probelösung beinhaltet 20 ml Salzsäure.
Reaktionsgleichung:

$KOH + HCl \rightarrow NaCl + H_2O$

Es gilt folgende Gleichung:
V(Säure) *c(Säure) *x(Säure)= V(Base)*c(Base)*x(Base)

x bezeichne dabei die Anzahl der abzugebenden bzw. aufgenommenen H-Atome, hier ist dies beides 1.

Somit gilt:
c(HCl)= c(KOH) * V(KOH) / V(HCl)= 0,1 mol/l*(15,8/20)=0,079 mol/l bzw . 79 mmol/l

Lösung Klassen-arbeit 2.4

Aufgabe 4

Zu Wasser wird im ersten Versuchsansatz Salpetersäure, im zweiten Ammoniak gegeben. Formuliere die Stoffgleichungen für die beiden Reaktionen und kennzeichne jeweils die korrespondierenden Säure-Base-Paare. Erläutere, welches besondere Verhalten des Wassers sich aus den beiden Versuchen ableiten lässt.

✓ $HNO_3 + H_2O \rightarrow NO_3^- + H_3O^+$

Die Salpetersäure reagiert zur korrespondierenden Base dem Nitrat-Anion. Wasser nimmt hier die Rolle der Base ein, die zur korrespondierenden Säure – dem Oxoniumion – reagiert.

✓ $NH_3 + H_2O \rightarrow NH_4^+ + OH^-$

Die Base Ammoniak reagiert zur korrespondierenden Säure, dem Ammoniumion. Das Wasser nimmt hier die Rolle der Säure ein, die zur korrespondierenden Base Hydroxid reagiert.

Wasser ist ein Ampholyt, es kann je nach Reaktionspartner sowohl als Base als auch als Säure reagieren.

Aufgabe 5

Überprüfe die folgenden Behauptungen und gib an, ob diese richtig oder falsch sind. Streiche gegebenenfalls falsche Sachverhalte durch und stelle sie richtig.

a) Allen sauren Lösungen gemeinsam ist der Besitz von Hydroxid-Ionen.

b) Bei der Neutralisation findet ein Protonenübergang statt. Es handelt sich somit um eine Säure-Base-Reaktion.

c) Wenn eine Substanz als Säure wirkt, dann müssen die Bindungen dieser Moleküle homolytisch gespalten werden.

d) Zu jeder Säure gehört eine korrespondierende Base; letztere ist um eine positive Elementarladung reicher als die zugehörige Säure.

a) Allen sauren Lösungen gemeinsam ist der Besitz von Hydroxid-Ionen.
Falsch! Alle sauren Lösungen enthalten Oxonium-Ionen.

b) Bei der Neutralisation findet ein Protonenübergang statt. Es handelt sich somit um eine Säure-Base-Reaktion.
Richtig! Ein Proton der Säure wird an die Base übergeben.

c) Wenn eine Substanz als Säure wirkt, dann müssen die Bindungen dieser Moleküle homolytisch gespalten werden.
Falsch! Bei einer homolytischen Spaltung müssten Wasserstoffradikale entstehen. Säuren geben aber Protonen ab und ein negativ geladener Säurerest bleibt zurück.

d) Zu jeder Säure gehört eine korrespondierende Base; letztere ist um eine positive Elementarladung reicher als die zugehörige Säure.
Richtig! Jede Säure hat eine korrespondierende Base, die Basen sind aber um ein Elektron reicher als die Säure, also um eine NEGATIVE Elementarladung.

Monika und Claus Arndt aus Waldtrudering geben im Eigenverlag Lernhilfen für Schüler heraus

Die Durchblick-Garanten

Die Tage sind gezählt bis zu den Sommerferien. Nicht alle Schüler jedoch tun sechs Wochen lang nichts für die Schule. Und es gibt so einige Eltern, die sich jetzt schon fürs neue Schuljahr rüsten. Viele von ihnen landen bei Monika und Claus Arndt aus Waldtrudering. Das Ehepaar gibt Hefte mit Schulproben für Grundschüler und Schulaufgaben für Gymnasiasten und Realschüler heraus. Kinder und Jugendliche können sich mit ihren Durchblicker-Aufgaben auf Prüfungen vorbereiten.

Monika und Claus Arndt im Keller ihres Waldtruderinger Hauses. Dort drucken sie ihre Durchblicker-Schulaufgaben. Jahrelang haben sie zudem Nachhilfeunterricht gegeben, mittlerweile konzentrieren sie sich auf ihr Verlagsgeschäft. Ihre Schulaufgaben sind im Buchhandel zu finden und helfen Schülern bei der Lösung von Schulaufgaben. ***Fotos: Panthermedia/ve/kn***

Im Keller der Familie Arndt im Birkhahnweg in Waldtrudering läuft der Drucker. In den Regalen stapeln sich ordentlich die Ausdrucke. Ihre Bestellungen erreichen Monika und Claus Arndt meist spät abends. Nach Ladenschluss schicken Buchhändler noch ihre Bestellliste ab, so auch an den Durchblicker Verlag in Waldtrudering. Viele Jahre lang haben die Arndts im Keller Schülern Nachhilfeunterricht gegeben. Vor fünf Jahren haben sie einen Verlag gegründet und verkaufen seitdem Bücher mit typischen Schulaufgaben für bayerische Schüler. Derzeit, kurz vor den Sommerferien und vor allem dann im September, sei die Nachfrage besonders groß. „Wir haben ein saisonales Geschäft", sagt Claus Arndt schmunzelnd. Bevor es in die Ferien geht oder zum Start ins neue Schuljahr, bestellen Schüler und ihre Eltern die Durchblicker-Schulaufgaben.

Der Mathematiker sattelte aufs Lehramt um

Die Arndts haben sozusagen eine Marktlücke entdeckt: Verlage bieten zwar immer mehr Lernhilfen für Schüler an. Doch die Arndts haben ihre Ausgaben auf die jeweiligen Schultypen und auf die neuen Lehrpläne in Bayern zugeschnitten. So läuft und läuft ihr Drucker. „Volltreffer!", hat ihnen ein Schüler geschrieben, „drei Aufgaben in meiner Schulaufgabe waren genau wie die aus Ihrem Buch!" Und eine Buchhändlerin lässt sie wissen: „Ich empfehle die Reihe immer weiter. Sie haben in mir einen Fan gefunden."

Wie aber kommt es, dass die beiden Waldtruderinger so einen guten Riecher haben, wie Lehrer ihre Schulaufgaben gestalten und was sie wollen? Claus Arndt war als Diplom-Mathematiker in der EDV-Branche beschäftigt. Bis 2004. Da hieß es: „Wer gehen wolle, könne gehen." Der Waldtruderinger Vater zweier Söhne ließ sich das nicht zwei Mal sagen. Händeringend wurde damals nach Lehrern gesucht. So sattelte der Mathematiker kurzerhand um und unterrichtete fortan an der Realschule in Dachau und am Neuperlacher Heinrich-Heine-Gymnasium Mathe.

Damit nicht genug. Zuhause im Keller eröffnete er mit seiner Frau Monika ein Lernstudio für Schüler. Claus Arndt gab Nachhilfe in Mathematik. Seine Frau in Englisch, Deutsch und Französisch. „Für Physik und Latein beschäftigten wir noch weitere Nachhilfelehrer", erzählt Claus Arndt. Die Waldtruderinger Familien nahmen das Angebot gerne an: Bei den Arndts gab es Nachhilfe für den Achtklässler, der darum kämpfte, wegen Mathe bloß nicht durchzufallen. Ein anderer Bub, ein Grundschüler, konnte partout nicht stillsitzen. „Ich ließ ihn hier unten auf einem kleinen Trampolin auf- und abspringen und fragte ihn dabei das Einmaleins ab", erzählt Claus Arndt. Ebenso ackerten gleich mehrere Schüler in einem Crashkurs, um in ihrer Abschlussprüfung eine bessere Note zu bekommen.

Nachhilfeunterricht von 13 bis 20 Uhr

Vier Jahre lang büffelten die Nachhilfelehrer mit ihren Schützlingen Stunde für Stunde im Keller. „Unseren Höhepunkt hatten wir im Jahr 2008, da saßen wir von 13 bis 20 Uhr in unserem Lernstudio, die Nachfrage in Waldtrudering und Umgebung war einfach so groß", erinnert sich Claus Arndt. Was ist das Arndtsche Erfolgsrezept? Die Arndts lösen mit ihren Schülern Schulaufgaben, erarbeiten Musterlösungen und korrigieren die Antworten gemeinsam. „Diese Klassenarbeiten denken wir uns selbst aus", sagt Claus Arndt. Im Laufe der Jahre haben sie ein Gespür dafür entwickelt, welche Aufgabentypen drankommen können — „wie die Lehrer ticken".

Schulaufgaben zu entwickeln, das machte Claus Arndt bald nicht nur für seine Nachhilfeschüler im Münchner Osten. Für die Verlage Klett und Cornelsen modifizierte er Schulaufgaben. „Doch die Lehrpläne variieren von Bundesland zu Bundesland", erzählt der Klausuren-Profi. Und so schlug man ihm vor, für Bayern einfach selbst Schulaufgaben herauszugeben. Im Eigenverlag.

Claus Arndt hatte ja mit seiner Frau Monika kompetente Hilfe an seiner Seite. Denn vor allem sie war es, die in ganz Bayern Buchhändler abklapperte, um Werbung für die Durchblicker-Schulaufgaben zu machen. Mehr noch: Monika Arndt hatte als Autorin bereits Ernährungsbücher für Kinder veröffentlicht, hatte unter anderem beim Stark-Verlag über Produktion sowie Inhalt von Lernhilfen viele Erfahrungen gesammelt und als Lektorin gearbeitet. Sie knöpfte sich nun die Fächer Deutsch, Französisch und Englisch vor und arbeitete ebenso Schulaufgaben aus. Zudem sei es für sie als Schulaufgaben-Entwickler mit Einführung des G8 leichter geworden: „Alles ist systematischer und strukturierter, ich kann eher abschätzen, was in einer Klassenarbeit drankommt", sagt Claus Arndt.

Neu im Angebot sind Proben für Grundschüler

Mittlerweile haben sie eine breite Palette mit 57 verschiedenen Ausgaben im Angebot: Ob für Gymnasiasten Mathe-Schulaufgaben von der fünften bis hoch zur zwölften Klasse oder für Realschüler Englisch-Schulaufgaben. „Und neu und sehr beliebt sind unsere Schulproben in Mathe, Deutsch und HSU für Dritt- und Viertklässler", sagt Monika Arndt. „Die sind immer mehr unsere Renner!" Als Verlag profitieren sie von dem wachsendem Druck, der schon auf Grundschüler ausgeübt werde. „Eltern wollen unbedingt, dass ihr Kind einen Notendurchschnitt von 2,33 beim Übertrittszeugnis in der vierten Klasse hat, damit es aufs Gymnasium gehen kann", sagt Claus Arndt. „Das ist oft zu viel des Guten." Er weiß, wovon er spricht. Er hat in all den Jahren in seinem Lernstudio viele Kinder kennengelernt. „Oft haben wir gemerkt, welch großen Druck Eltern auf ihr Kind ausüben können." Natürlich müsse sich jedes Kind auf Tests in der Schule vorbereiten. Doch als Eltern zweier Söhne, 1993 und 1996 geboren, wissen sie eben auch, dass ein Kind nicht zu viel lernen dürfe. „Wer für eine Schulaufgabe mit zwei unserer Aufgaben übt, dem reicht das meist", behauptet Monika Arndt.

Den beiden Schulaufgaben- und Nachhilfe-Profis geht es vor allem darum, Schüler besser auf das vorzubereiten, was sie bei einer Probe erwartet. „Angst und Nervosität legen sich schnell, wenn Schüler ähnliche Aufgaben kennen und bereits bearbeitet haben", sagt Claus Arndt.

Verena Rudolf

Mehr Durchblick für Schüler

Claus und Monika Arndt produzieren Lernhefte im heimischen Keller in Waldtrudering

VON LAURA MÜLLER

Vielen Kindern graut es vor der Schule. Häufig sind sie unmotiviert und wissen nicht, wie sie sich auf Tests und Schularbeiten vorbereiten sollen. Für diese Problematik gibt es eine Menge Nachhilfelehrer und Bücher, die helfen sollen. Einer der Verlage, die solche Bücher, oder vielmehr Hefte, produzieren, ist der Durchblicker Verlag – ein kleiner Buchverlag, der nur aus dem Ehepaar Claus und Monika Arndt besteht. Er hat sich auf Schulaufgaben und ihre Lösungen spezialisiert. Die Arndts produzieren die Hefte im heimischen Keller in Waldtrudering.

Auf den jungen Schülern lastet eine Menge Druck, sagen die Arndts

Claus Arndt, ein ehemaliger Software-Ingenieur, hat den Verlag vor fünf Jahren gegründet. Angefangen hat alles damit, dass Claus Arndt anfing, Nachhilfe zu geben. „Als die Kinder kamen, wollte ich nicht ständig unterwegs sein", erzählte er. „Also habe ich meinen Job gekündigt und Nachhilfe gegeben." Die Schüler kamen gerne zu Claus Arndt, so wurde die Nachfrage irgendwann zu groß. Die Arndts gaben das Lernbüro auf und fingen an, Bücher mit Schulaufgaben und ihren Lösungen zu drucken. Zunächst verkauften sie nur wenige Hefte, doch im vergangenen Jahr waren es schon 20 000. Insgesamt haben sie 58 Bücher verfasst und herausgebracht. Die Arndts sehen sich mittlerweile als „ernst zu nehmende Konkurrenz" für den renommierten Stark-Verlag. Dessen rote Übungsbücher stehen bei vielen Schülern im Regal.

Claus Arndt sammelt seit der Umstellung auf das G8 Schulaufgaben von verschiedenen Schulen. Weil er selbst mal als Lehrer arbeitete, weiß er, was andere Lehrer erwarten. Claus und Monika Arndt orientieren sich bei ihren Aufgaben immer an dem neusten Stand der Lehrpläne.

Die Nachfrage ist groß: Im Keller von Monika und Claus Arndt stapeln sich die Lernhefte des heimischen Verlags. Alles ist handproduziert, das ist das Markenzeichen des Verlags.

FOTOS: ASTRID SCHMIDHUBER

Die Hefte des Durchblicker-Verlags: Insgesamt 58 Lerntrainer haben die Arndts schon herausgebracht.

Als die Arndts ihren Verlag gründeten, klapperten sie alle möglichen Büchereien ab, um ihre Bücher präsentieren zu können. Monika Arndt hat schon vorher als Lektorin und Autorin gearbeitet. Sie kennt sich in der Branche aus und weiß, wie man hier etwas erreicht. Heute liegen die Bücher des Durchblicker-Verlags etwa in Hugendubel- und Thalia-Filialen aus. „Wir freuen uns, dass unsere Bücher so gut ankommen", sagt Claus Arndt. Am besten verkaufen sich laut den Arndts die Lerntrainer für die Grundschule sowie für die 5. und 6. Klasse Gymnasium. Das verwundert. Claus Arndt erklärt: „Auf den jungen Schülern lastet schon eine Menge Druck."

Am besten verkaufen sich die Lerntrainer für Grundschule und 5. und 6. Klasse

Als die Arndts die Bücher in immer größerer Stückzahl verkauften, stellte sich die Frage, wie sie die Lerntrainer weiter produzieren wollen. Sie entschieden sich, die Bücher selbst zu drucken. „Alles ist handproduziert, das ist unser Markenzeichen", sagt Monika Arndt.

Sie legen Wert darauf, dass ihre Aufgaben schulnah sind und so auch wirklich abgefragt werden könnten. „Außerdem ist es wichtig für uns, die Schüler für das Lernen zu motivieren. Häufig schreiben Kinder schlechte Noten, weil sie zu wenig Selbstvertrauen haben", sagt Claus Arndt. „Wenn die Kinder mit unseren Schultrainern lernen, erkennen sie Aufgaben aus dem Unterricht wieder, das gibt ihnen ein Erfolgserlebnis und motiviert sie." Natürlich könnten die Bücher keine schon vorher entstandenen Wissenslücken schließen, „aber sie helfen, zu vertiefen und zu wiederholen."